用 文 字 照 亮 每 个 人 的 精 神 夜 空

领读文化传媒
LINGDU Culture & Media

微信 | 微博 | 豆瓣　领读文化

寻味西北

张子艺 著

河北出版传媒集团

河北教育出版社

图书在版编目（CIP）数据

寻味西北 / 张子艺著 . -- 石家庄 : 河北教育出版
社，2024.8
（寻味系列）
ISBN 978-7-5545-8462-0

Ⅰ . ①寻… Ⅱ . ①张… Ⅲ . ①饮食—文化—西北地区
Ⅳ . ① TS971.202.4

中国国家版本馆 CIP 数据核字（2024）第 067465 号

寻味西北
XUN WEI XI BEI

作　　者　张子艺
出 版 人　董素山
策　　划　汪雅瑛　阎海军
责任编辑　刘书芳　陈　娟
特约编辑　孙华硕　田　千　庞美婷
图片编辑　宽　堂
装帧设计　凌　瑛

出　　版　河北出版传媒集团
　　　　　河北教育出版社 http://www.hhep.com
　　　　　（石家庄市联盟路 705 号，050061）
印　　制　河北鹏润印刷有限公司
排　　版　芳华思源
开　　本　880mm×1230mm　1/32
印　　张　8.25
字　　数　128 千字
版　　次　2024 年 8 月第 1 版
印　　次　2024 年 8 月第 1 次印刷
书　　号　ISBN 978-7-5545-8462-0
定　　价　56.00 元

在孤立无援的深夜，
最想念的还是妈妈亲手做的那一碗冷暖适中的汤面条。

前　言

　　大地孕育了植物，植物孕育了动物，动物中站立起了人类。

　　不知道是人类发现了植物抑或植物选择了人类。总之，在某个神秘的契机之下，黄河上游渭河流域的一个部落，突然在周边的植物中发现了一种规律，它们似乎总在差不多的时间里变绿、开花、落籽，接着，漫长的寒冷就抵达了人间。

　　有一年采集到的种子格外地好，等到天气转暖，无意间撒在地面上的种子开始发出星星点点的绿芽，人们观察着摇曳的苗儿，发现了一个巨大的秘密。历经多代后，一部分人类被植物固定在某块区域，进行周而复始的劳作。

　　黄河上游最早被驯化的可种植食物是"粟"，距今八千年的甘肃秦安大地湾遗址出土的"粟"证明了这一点，西安半坡仰韶文化遗址也发现了"粟"。或许一开始有许多被选择的植物，但最终"粟"凭借着植物顽强的生命力和被驯服的程度，成为"千钟粟"，成为"喜看金穗粟分明"。

食物是人世间的年轮。

丰饶、富裕、饥荒、贫瘠，在食物面前无法遁形。

漫长的饥饿岁月里，人们花费大量的时间和精力，使一切成为食物，"能吃"，曾经是对食物的最高赞美。

"大块吃肉"的豪横只存在于离经叛道的小说里，那是遥不可及的一种向往。"一枕黄粱"里，一碗黄米饭就能成就一个荣华富贵的香甜梦境。往日里，人们小心谨慎地与食物过招，尽可能延长食物保存的时间，拉长可食用的时间，腊肠、腊鸭、腊肉，都是这种理论下的产物。人们抱着诚挚的爱意看能够使我们延续生命的食物，于是，边角料的打捞，细小种子的积攒，鸡鸭肠这种烦琐的食物，不仅成为盘中餐，而且因为特殊的风味成为深刻的记忆。

各地都产生过同样逻辑下的食物，这是共同的勤俭和农耕文明下敬天地、爱万物、珍惜一切的朴素认知下的必然。

西北，这个有一条黄河流过、驯服了粟、种植了粟、发现了农耕文明规律的区域，某种程度上武断地说，是农耕文明的源起之地，是华夏文明的根脉。

食物成为过往时代最真切和滚烫的烙印。

辣子蒜羊血、筷子面肠、鸡血面、羊杂割、炒拨拉……这些西北历经多年不衰的地域性食物，构成了她的一个横切面。

霍去病的将士们用盔甲炙烤羊杂产生了"炒拨拉"，山丹

2

军马场的场长兴高采烈地说，霍去病是军马场的第一任场长，他是第二任。历史似乎变得很近很近，中间千年的时光被压缩折叠，人们说起千年前的人，似乎还能记起少年英雄的蓬勃气概。

新疆的馕到了陕西，被称为"胡饼"。这种素面大饼因为小麦的香气和耐储存而风靡全国。"赵岐避难至北海，于市中贩胡饼"，"羲之独坦腹东床，啮胡饼，神色自若"，这是食物的流通，也是不同文化之间的融合、转变和统一。如今西北的素白饼，就是传承了"胡饼"。

西周礼馔中有一道"牛羊肉羹"，这是牛羊肉浓汤凝固后的一种食物。牛羊肉汤在西北的广泛使用，说明了它在此地有经久不衰的地域和群众基础。羊肉泡馍、牛肉面、牛肉小饭、水盆羊肉，以牛羊肉为汤底的食物不胜枚举。

本书分为五个部分：美馔、主食、小食、节令、食趣，分别展示了西北广袤大地上出产的牛羊肉制品、无数人日日相伴的主食、高于日常生活难得享受的小吃、节日里人们载歌载舞的同时会制作的食物以及人们从食物中体味到的乐趣。

无论是什么时代、阶层、地域，食物都是我们无法绕开的必然。从植物、动物成为食物，我们与大地建立起来的生物链条互相依存又互相制衡。人们在漫长岁月中创造了艺术和文化，饮食作为最息息相关的人生环节，同样产生了一系列的规则与风格。

在西北，饮食相对粗放原始，地貌与饮食风格互相影响渗透，最终形成西北餐桌的味道。

我想用文字记录下这个时代，还有食物。

那么，此刻，这本小书奉上。

目 录

美馔

敦煌夜市：大漠绿洲里的现世安稳 2

炒拨拉：从汉家将军到夜市美味 7

冬日，宜食涮羊肉 15

烤肉，一场小规模的人类返祖现场 23

筷子面肠、河西肺 29

羊肉夹沙肉丸子 39

主食

羊肉抓饭：自然与山野的恩物　　　　　　48

牛肉小饭：西北的江南气韵　　　　　　　57

牛肉面：三十秒最佳赏味期里的爱意　　　66

羊肉泡馍里是山野的草长莺飞　　　　　　72

妈妈们做过的家常饭　　　　　　　　　　82

敦煌驴肉黄面　　　　　　　　　　　　　94

小食

面茶、油茶和酒泉糊锅 104

西北风物机密：凉面烤肉 114

油馓子、油麻花、油条 120

胡饼、馕和油锅盔 127

辣子蒜羊血、粉汤羊血面 136

在武威，没有吃过"三套车"的人无法谈人生 143

节令

油饼卷糕里的端午节   154

敦煌文书里的凉面、凉皮子   159

玫瑰月饼：一场烂漫花事了   169

隆冬，在暖锅前一醉方休   176

软儿梨、香水梨   183

食趣

土豆的 N 种吃法   190

馓饭酸烂肉里藏着的少年时光   211

一寸相思一寸灰，熬到天荒地老的灰豆汤   222

呱呱、浆水和荞麦   227

罐罐茶、三炮台：热气蒸腾里的西北   236

后记   241

美馔

敦煌夜市：大漠绿洲里的现世安稳

月色阑珊。

已经是半夜，但似乎全天下的男女都集中到此地似的，熙熙攘攘的人穿梭在这个小巷里的空隙处，窄窄的路上大批人潮流过。

要是白天在这个巷子里住惯的人看到这个场景，都似乎要吓一大跳，这些人像是从地底下钻出来的一样。

在夜色中，他们牙齿雪白，眼睛发光，手里捏着油腻腻的烧鸡、烤鸭、烤肉串。姑娘的杏眼滴溜溜地在烤鱿鱼、鸡蛋肉馅儿车轮饼、甜蜜的鸡蛋醪糟、辣得杀人的烤鱼、酸得倒吸一口气的浆水漏鱼上穿梭，玉手指指点点间，手里就被塞进一杯果汁、一碗热得冒泡的酸辣羊杂、一盘红艳艳火辣辣的麻辣虾尾。有的彪形大汉直接捏着一个羊头骨在啃，雪白的牙齿和骨头之间交错的光是白森森的，但他亦不觉得可怕，还要挥着大手喊："姑娘再来两瓶。"这两瓶肯定就是啤酒了，不然一个彪形大汉倘若嘴里含着胡萝卜素的吸管，倒也说不出哪里不对，但总显得，娘，对，太娘。在北方，娘是个骂人很重的话。

这是一个江湖。

这是北方大漠的江湖。

以前读古龙的"小楼一夜听春雨"，读花无缺，读花满楼，总觉得杀手们阴森倒是足够阴森，长得也粉妆玉砌，但亦柔腻得可怕。男人，总是要执剑走天涯的。后来发现，这些男人与我心目中的侠客之间，原来是差了一把孜然。

对，是孜然。

古龙的男人们很少有大快朵颐地吃相，要是有，也是配角，主角们都是彬彬有礼，只有不入流的小角色才吃得膏满肠肥。嘴角滴着油的吃相，总显出几分蠢来，一个人倘若是蠢的，那真真儿没法子当英雄，绝色的女子高傲的眼睛里，怎么会看上一个蠢物？

所以主角们不可以蠢，不可以贪吃，可以贪恋一些美人，但亦贪恋得有趣，总不至于失了分寸。

其实古龙亦非克制的男人，他笔下的人尤其是美人，也个个活色生香，但总觉得他隐在文字背后叹气，叹得我心生恻隐。

看，人遇到喜欢的人总是叨扰着多说几句，要絮絮叨叨地多费几句话。

今天说的是江湖，北方大漠的江湖。

北方大漠的江湖，是从午夜开始的。

午夜入城的羊群，迎着刀子，走向肉铺。这句话，是我很喜欢的一个诗人叶舟写的。这些羊儿们一路向死，最终跌落江湖，江湖里始终有它们的身影和味道。谁敢说，这不是一种传奇？

于是，那些一个个睁着大眼睛的羊脑壳儿、被挂在那条路上的羊腿、被仔仔细细拿碱面洗干净的羊心羊肺羊肠羊肚、一个个被卤汤浸透煮熟撒上红辣椒的羊蹄儿，被炭火炙烤，被韭菜花裹挟，被红唇吮吸，就像是世界上最甜蜜温柔女子的热吻，英雄都要醉倒在这温柔乡了。

只差一把孜然。

然后，在江湖儿女雪白森亮的牙齿间，羊儿们最终找到了它们的归宿。

于是，英雄成为英雄，美人嘴角的那滴血使美人平添几分妖娆。

美人还在娇嗔，英雄薄酒下肚，血和热意慢慢涌上脖颈。

美人红润的双唇间锁着夜的诱惑，眼睛里藏着夜的妖魔，于是，英雄挥手，继续向前。

前面，又是什么？

前面是甜蜜得像一场梦一样的甜汤。

甜黑的梦境里，美人的舌尖像极了一颗甜润的糖果，像蜂蜜一样醇厚，像西域的葡萄干一样酸甜，还有雪白的牛奶不停流淌着。

这并不是梦境，这是现实。

这像美人一样的甜汤，醉倒的不仅仅是美人。于是，英雄气短，成绕指柔。

人群忽然退散，不到半个时辰，散得干干净净，几乎使人疑惑，赶了一个鬼集？

但第二日。

月色阑珊。

已经是半夜，但似乎全天下的男女都集中到此地似的，熙熙攘攘的人穿梭在这个小巷里的空隙处，窄窄的路上大批人潮流过。

要是白天在这个巷子里住惯的人看到这个场景，都似乎要吓一大跳，这些人像是从地底下钻出来的一样。

从哪里钻出来并不重要，只是在这大漠边际，总得有些人气、血气、勇气，总得有锋利的牙齿撕扯着羊骨，总得有英雄大碗喝着烈酒，总得有些行酒令，总得有美人路过丢下锦帕，才不至于那么寂寞。

对，寂寞。

但总好过辜负。

不负如来不负卿，向来只是空话一句罢了。

炒拨拉：从汉家将军到夜市美味

几千年前，败退的匈奴在此地凄然回首，悲愤交加："失我焉支山，令我妇女无颜色；失我祁连山，使我六畜不蕃息。"

几千年后，此地的人笑逐颜开，围坐在一张简陋而黑黢黢的铁盘前，老板娘一边拿着铲子扒拉铁盘里的羊杂，一边笑吟吟地将掉在火炉边、烧得火红的木炭踢到旁边。

人世间的传奇莫过于此。

没有人知道炒拨拉到底是哪一年被发明出来的。

只是某一天，它出现在社交媒体上的时候，突然爆红，人们都说，要去吃一吃，必须去，这是从山丹来的。

山丹，一个辽远的、北方的、长久以来活跃着游牧民族的地方。

它的名字是如此遥远和陌生，人们只有在历史书上才能看到它的名字。山丹第一次出现在历史书上，是汉朝。

汉武帝文韬武略的时代。

年轻的皇帝，在都城长安用手遥指着迷雾一样的远方，他的心里涌动起无以名状的激情和躁动，未知的一切和强大的敌人无时无刻不在提醒着他，帝国之侧，有一双虎视眈眈的眼睛。

炒拨拉的历史，也可以追溯到这个时代，不知道是人们的牵强附会还是理应如此，总之，山丹炒拨拉的老板们，肚子里都装着这个故事，在羊杂过半、西北的烈酒下肚后，老板们的故事就开始了：

"汉朝的时候，大将军霍去病到山丹的时候，焉支山下是漫山遍野的牛羊。因为匈奴人被打跑了，着急逃命，连牛羊都顾不上了。汉朝士兵为了庆祝胜利，将牛羊宰杀了吃，刚开始，羊杂这些都是扔了，给山里的野兽吃，但后来牛羊越来越少的时候，他们随军的厨子把这些东西'废物利用'起来，就有了炒拨拉。"

在河西，能够跟帝王扯上关系的太少了，不得不将历史中路过此地的所有大人物拉出来打量半晌，如果在北京，康熙千叟宴的涮羊肉是典故，慈禧逃难吃过的窝窝头是典故，甚至豌豆黄的典故，是说叫卖声从宫墙外面传了过来，住在深宫里的皇后听到声音后，派下人买来吃。

我对这个故事生疑，距离宫墙至少几百米的深宫里怎么能听到抑扬顿挫的叫卖声？但转而又对这个传奇释然，因为编造这个传奇的时代，故宫，是个只存在于想象中的地方，人们越幻想越觉得神秘，不由得将自己的生活经验置于这种幻想中，难免会产生一种荒谬的理解。

当年开疆拓土的霍去病，是第一个率大军西征，将河西收入汉王朝版图的将领。在他之前被派出的使者张骞，首次进入这一片区域时，被匈奴软禁于此多年，过着被严加看管的生活，所以，无论是体面、功过等，综合评判，霍去病都略胜一筹。更不要说"鲜衣怒马少年成名"这八个字，但凡看到的人，眼睛里都会冒出羡慕的光芒，在少年时期就华光满天下，这是上天给予的恩赐。

所以，霍去病是最合适的故事人选。

据说，士兵们就地取材，将盔甲放在火上炙烤，将羊杂烫熟。这是有理论体系支撑的，几百公里之外嘉峪关周边的魏晋墓的壁画上就绘制了烤肉这一过程。烤，是人们最早发现的一种使食物变熟的手段，比较常见的蒸煮其实晚于炙烤。

羊杂和此地丰裕的食物，使汉军的生活得到了保障。匈奴人唱着悲歌翻过祁连山，藏在远处的山谷里伺机而动。年轻的霍去病，将此地草场划为军马场，两千一百多年过去了，山丹军马场的现任场长，无论是对着摄像镜头还是平日里都骄傲得很，他半开玩笑半认真地说，这里的第一任场长是霍去病，隔着千年的尘埃与岁月，霍去病这个名字，在此地依旧熠熠生辉。

夏日是山丹军马场最好的时光。

沿着最近几年开辟出来的一条路，旅行者得以进入到草场深处，天空湛蓝，阳光明净，两岸的油菜花如火如荼地燃烧起来，金黄色的花朵漫山遍野。蜜蜂嗡嗡地在花丛上方形成甜蜜的声浪，山那边的养蜂人眉开眼笑，每天从蜂板上刮下琥珀似的蜜，这是紫花苜蓿蜜，苜蓿是羊群最爱吃的嫩草。等花期一过，蜂农就开始转场，油菜花的蜜是清亮的，就像嫩黄色的花朵一样轻盈甜蜜。从杏花、梨花开始，花期一个接着一个，蜂农的一年四季都在赶花的路上，抛开辛苦，这真是个浪漫的工种。

羊群自然也在。

第一次见到漫山遍野的羊群，我曾在脑海里揣摩过无数个比喻，但均以失败告终，第一个以珍珠来形容羊群的一定是天才，后来的我也不得不承认，洒在绿地上的黑羊、白羊和花羊，唯有一粒粒珍珠的比喻才最妥帖。

况且，炒拨拉的原料几乎全部在草原上产出。

草原上的香料，草原上吃着香料的羊，草原上的风，草原上的雨，因为有了这一片浩大的草场，才有了循环链上的这一切。

羊是副产品，战马才是此地主要的产出。

战马是世界上被人类驯服的最俊美的动物之一，若不是如此，当年汉武帝为何心心念念一匹天马？据记载，汉军平定乌孙，得其马，被称为天马，后来李广利征伐大宛，得大宛马为天马。

马匹作为当时最重要的军用物资，代表着征伐的胜利和臣服。

这些马匹经过河西走廊时，被集中养在山丹军马场。这是汉朝的势力范围，也是汉帝国面对匈奴的完美屏障。代表着胜利的战马将踏上前往长安的路并最终进献给帝王，就是不知帝王欢喜的是这些宝马还是生长宝马的土地，抑或两者皆是？总之，帝王多爱马，边疆小国将宝马双手奉上，换来信任、和平，这亦是一种微妙的制衡。

马肉是不太能吃的。

据说是酸的，吃过的人也摇头，说口感不好。但我觉得这不是最主要的原因，以中国人制作食物的能力，新疆、内蒙古如今有马肉肠，云南有鲜美的马肉米线，断不可能因为马肉不好吃而放弃。很有可能是因为，马匹是一种军用物资，在民间也是一种重要的劳动力，不可以随便食用，干脆一刀切，或者传出一些模棱两可的话，打消人们想吃的欲望。

在牧区，因为转场和冬夏草场的变化，在农耕文明中占据大部分家畜比例的猪是无法养殖的。这样一剔除，此地人们可以食用的，其实只有羊了。

相比马和牛，羊肉是最方便的、小型的饲养型肉类来源。况且，"羊大为美""鱼羊之鲜"，这些词精准地概括了这种食物的浓香鲜美。有一部分人会对如此形容羊肉表示费解，作为吃着羊肉长大的西北人，我总是不厌其烦地说，吃了碱草的羊是没有膻味的。

新鲜宰杀的羊肉最是鲜嫩，用锋利的刀将肉块分割好之后，就可以直接入水煮熟，这是最原生态的"手抓羊肉"，是新疆、甘肃最普遍的一种食物。

炒拨拉；顶多算是吃羊肉的副产品。

河西做羊杂，肺是不吃的，从倒吊着的腔子里扒拉出一咕嘟内脏之后，先拣出肺扔给一旁跑来跑去的狗，然后再慢条斯理地切出羊肝、羊心、羊腰子、羊肚、羊肠子。羊肠小路这个形容词从小皆知，真的见到羊肠，才发现真是蜿蜒崎岖，用来形容山路最是贴切。

羊肠、羊肚需要大量的水来清洗，以前水源没有那么充足的时候，人们干脆一扔了事，只有格外仔细的人家会将弯弯曲曲的羊肠洗到雪白。到了现在，几乎不存在水的问题，生活质量提高后，人们的视角开始转向这些不太能充饥，但滋味各异的羊内脏。

炒拨拉因为是现炒，所以格外鲜嫩、爽脆。

山东、山西有一种叫作羊油辣子的调味品。用滚烫的羊油泼辣椒，因为羊油的凝固点较低，很快就变成固体。吃羊杂汤时舀几勺羊油辣子，静候滚烫的羊汤"原汤化原油"，形成一种美食的巅峰享受。

炒拨拉也是用羊油与植物油炒制。铁盘上的油烧滚后，就可以将早早准备好的羊杂整个倒入，火苗一蹿一蹿地舔着铁盘

炒拨拉

底部。羊杂很快受热、收缩，制作的人拿着铲子不停加入秘制调料"拨拉"，使它们均匀受热。在河西，人们把东西来回搅拌叫作"拨拉"，按照就餐习惯，端上桌的菜是不允许孩子们胡乱"拨拉"的。但这种食物又必须随时翻滚以免粘锅，所以这是唯一一种食用时，大家都大大方方拿起筷子不停拨拉的食物。

炒制的时候，热气和火以及烟气跟着空气和风翻滚，炙烤带来的浓烈香气使人有一种嗅觉上的满足感，这种香气使饥肠辘辘的人更加饥饿，近乎本能地希望快点，再快点，尽快尝一口吧。

羊杂大约六成熟后，就可以将边沿已经因为热气焖到半熟的蔬菜拨拉过来，白色的洋葱、绿色的蒜苗和赭石红色的羊杂，形成非常美的视觉体验。但这还不够，制作者将羊杂和蔬菜朝着两边扒拉开，在扒出的圆形"盆地"里打一枚鲜鸡蛋。火炉的小闸门关闭后，透明的蛋白慢慢被火气烘到雪白，黄色的蛋黄鲜嫩异常，这一场视觉盛宴终于拉开了大幕。

等候了多时虎视眈眈的眼神，终于可以选择自己喜欢的部位，脆爽的羊肚、具有韧性的羊肠以及有嚼头的羊肝，最终形成一首美妙混杂的交响曲。当然还有素面大饼，新疆人喜食馕，甘肃人喜欢素饼，这是只有面加水发酵而成的一种烤饼。烤饼一般都会被提前切碎，跟羊杂混在一起，等到被油炙得滋滋作响时，烤饼的口感不亚于羊杂中的任何一块。

这真是一种梦幻的吃法，虽然坐在城市的街头，但人们的灵魂早已经漂浮到金戈铁马的过去，焉支山下的牛羊成群，细碎的小花裹挟着风的香气，人们用筷子不停地"拨拉"的时候，身体内传承了千年的气血陡然涌上心头，那就喝一杯吧，西北的烈酒，正正好！

冬日，宜食涮羊肉

没有人能抗拒涮羊肉，尤其是在冬天。虽然人们言之凿凿地说，"秋风起，涮羊肉"，但跟涮羊肉真正的热恋，还是在冬天。

尤其是深冬。

寒冷像一层厚的雾气笼罩世界，人们瑟缩着脖子，肢体僵硬，徒增一种为生活奔波的辛酸无力感。所以，动物本能驱使着我们，所有的毛孔都在叫嚣：去吃滚烫的食物，去吃动物脂肪，去吃蛋白质，去吃红色的肉！御寒。

我最初对美好家庭的想象来自《读者》中的一篇文章，18世纪末期，昏黄的灯光下，花白头发的苏珊奶奶用小锅子咕咚咕咚炖着肉汤，雾气使玻璃挂上了白色的轻雾，影影绰绰看到奶奶戴着头巾切洋葱、切土豆、切胡萝卜……那年我十岁，用灯光、雾气、食物拼凑起关于美好生活的所有想象。

在西北，要在冬天走过一条灯火辉煌的街巷，确实需要莫大的勇气：天是冷的，地是冷的，空气是冷的，树上刮起的风也是冷的。

但街道两边的餐厅是热的，不仅是热的，它们还是滚烫的，隔着附了雾气的玻璃，里面的人虽然脱了羽绒服，但脸色红晕，身体舒展，与窗外瑟缩的行人形成鲜明对比。每当此时，我就像被人下了蛊一样，迎着热气走向任何一家像苏珊奶奶的厨房一样的烤肉店、涮羊肉店、火锅店。

这一刻，我身上的人性荡然无存，被动物欲望统治的我，露出我能咬开啤酒瓶盖的森森白牙，笑眯眯地在一张彩色的菜单上勾勾画画——进来的一定是一家涮羊肉店。冬天，冷得我的牙齿来不及从铁扦扦上撕咬下羊肚、羊肉、羊腰子，烤肉就已经被不知道哪个角落吹来的冷风吹得冰冰凉。所以，我要用一种热烈的、奔放的、滚烫的方式，来与我的羊们进行亲密的互动，羊的心情我不知道，我是一位人类霸权主义者，在这样的环境下，根本无暇顾及羊的心情。

服务员端着一铜锅矿泉水来到桌前，依次在空空如也的锅里倒入姜片、花椒及一些看不出来原料的秘制调料，人们耐心地盯着蓝色的火苗舔着锅底，电磁炉不是不能用，但看不到火苗的锅子明显少了很多温暖的人气和期待。

所以，接下来就是大碗吃肉了。

西北的食物原本就不是以精致取胜，跟北京涮羊肉精致到黄瓜条、羊里脊、羊上脑、筋肉不同，兰州人点单随意得多："两盘鲜切，两盘带骨肉，两盘羊肉卷，一盘肥牛，白菜、豆腐随便上一份。"

这是普普通通三四人的一餐饭。

羊肉无论是哪个部位的,只要店家有鲜切的勇气,终归不会太差。能拿出手鲜切的羊肉,都是宰杀后未经冷冻的肉,北京的涮羊肉商家以将装满盘子的肉覆放不掉为优,其实,但凡好的羊肉都应该有这样的标准,肉类本身的黏性会使它附在盘子上,而冷冻过的羊肉会软趴趴地渗出血水,滑溜地落下盘子。

但是兰州人不在这些事情上较真。

或许北京是大城市,餐厅里来往的陌生人较多,需要通过这样的方式来展示优质,兰州虽然也好几百万人,但还残留着一些农耕文化抑或作为游牧民族时的温情,掌柜说不说,我们都会信他的肉是好的,是精选的,是精心切的。

再者,我们不应该怀疑兰州人吃羊肉的经验。

每个兰州人面对羊肉的时候,舌尖自带雷达。多年前,我去一个城市,到人头攒动的夜市吃羊肉串,带我去的朋友吃得津津有味,羊肉扦扦在面前摆了一排,我咬了几口嫩到可疑的羊肉,总是觉得哪里不对,羊肉的筋脉呢?就算是剔除羊筋单独烤,里面还是会夹杂着一些结缔组织。羊肉跟牙齿之间微妙对抗的张力呢?这种嫩得能用牙齿轻松划开的食物,就算是小羊羔肉也达不到这样的软嫩。况且,珍贵的小羊羔肉怎么可能撒上盐、孜然、辣椒粉,在夜市上烤成羊肉串呢?

多年后,关于某些不法商贩用鸭肉浇上羊油冒充烤羊肉的新闻见诸报端，我的所有疑惑得到了解释。当然，出于地域自尊心，他到现在依旧不承认这个事实。

所以，能够在兰州口耳相传的餐厅，我们可以不信老板，但是必须相信兰州人关于吃羊肉的尊严。

点单后上的带骨羊肉，是需要一开始就下锅的。

骨头下锅炖四十分钟，羊肉的鲜味散发，香气在空中散而未散，这是最好的时机。就像玫瑰精油，在花苞含苞欲放，香气和精油最大限度地产生时，摘下花朵，萃出高质量的精油。

所以，四十分钟就是一个最适合的时间，带骨羊肉已经去除了生味、腥气，在大火中开始散发出烃类、醛类、酮类、醇类、酸类、酯类、杂环类（含硫、含氮或含氯）等混合的香气。嗨，这么说可就太没劲儿了。

总之这是极限，饥肠辘辘的人在面对一口咕嘟嘟不停翻滚的铜锅时的耐性，也就顶多坚持这么久。有些跟老板熟悉的客人，会在下班前预约一口锅和带肉羊骨，让老板先安排锅子咕嘟嘟滚起来，等到带着寒气的人一进餐厅，一落座，就可以直接将手边的羊肉下锅涮起来了。

但我总觉得少了一些等待的美妙心情和仪式感。

所以，基于食物的最佳赏味期、人的耐性等综合考虑，人们手里捧着由玫瑰、红枣、桂圆、芝麻、冰糖、茶叶等多种配料组成的三炮台，一边聊聊近期的工作、生活，一边看着锅里的水和带骨羊肉慢慢地沸腾、翻滚，一种富裕而温存的心情油然而生，这是涮羊肉的前菜，人们在等待中逐渐变得饥肠辘辘，目光不自觉地开始望向锅里。

那么，就开动吧。

在涮羊肉时，有一种约定俗成、牢不可破的习惯——先涮的羊肉必定是厚厚的鲜切。

不是用筷子尖尖提着一头的七上八下，而是整盘涮下去，如果不够，再下一盘。羊肉下锅以后，就像是大戏开场的那一声定音锣，人们定了神，安心地看着锅里慢慢溢出热气，开始搅和自己碗里的麻酱香油，向服务员要葱花、蒜苗——先打一碗汤喝起来。

所以，当一碗滚烫、热气腾腾的羊肉汤顺着喉咙滚进胃里的时候，大概率铜锅里漂浮的羊肉也已经熟得七七八八了。

这又涉及一个硬知识点。

七八成熟的羊肉是最嫩的，嫩里面有羊肉的新鲜血脉带来的弹牙的韧劲，趁着最佳赏味期，人们纷纷下箸大口吃肉。已经下锅煮汤的羊骨还要留在锅里继续煮下去，就像火锅里的鸡爪、鸭掌这些耐煮的食物一样，一定要让它们煮到最后，煮到一场盛宴接近尾声的时候，人们方才捞起，慢慢地吸食骨髓等部位。

此刻，一场盛宴才刚刚拉开序幕。

鲜切羊肉带来的鲜弹口感只是开场。有些人喜欢将鲜切煮很久很久，煮到肉已经彻底放弃抵抗，长期奔跑带来的蛋白质

涮羊肉

都已经失序的时候才入口。但对大多数血气方刚的年轻人来说，弹牙是很重要的一个指标，只有老年人和儿童才喜欢软糯的食物，再者，羊肉的最高美味标准也并不是软糯啊。

那么，羊肉卷几乎可以满足所有人的要求。

薄而透光的羊肉卷红白相间，就像是用空气变了魔法一样，因为肉卷之中充满了空气，所以显得空前地多、空前地紧密而膨胀，一斤羊肉能刨出来五大盘羊肉卷，如果鲜切只能切一盘。

所以，挨挨挤挤的羊肉卷就像是虚张声势的士兵一样，大声吆喝和呐喊能糊弄一阵子，但一下锅，肉卷被滚烫的热水一煮，立即缩小到原本的四分之一甚至更小，有时候不留神，筷子都找不到肉卷滚到哪里了。

羊肉卷也是好的，只要在锅里滚三四次，羊肉就被烫熟。如果说鲜切羊肉跟麻酱之间还略微有些生分，那么羊肉卷就是麻酱的黄金搭档，因为羊肉卷孔洞多，拧成一个中空卷翘的肉卷，就可以最大程度地裹上厚厚的麻酱，再放入口中。

吃肉必须喝酒。在北方，没有酒的肉是寡淡的，是单薄的，是纤弱的，甚至是令人感觉十分遗憾的。

有些地方喜欢喝热酒，要滚烫的酒，配滚烫的饭。

但在兰州，人们普遍没有温酒的习惯。一口滚烫的羊肉，抿一口透心凉的酒，油脂带来的富足感被酒冲淡，带着寒气和杀气的酒像一柄剑一样劈过来，人们因食物带来的涣散被立即击退，于是，酒正酣、肉正香，外面的寒冷和风雪，似乎也静止下来了。

铜锅继续咕嘟嘟地滚着，下半场开始了。

早先准备好的白菜、豆腐、萝卜开始逐个被下入锅中。

在对动物油脂的极大满足下，人们需要一些蔬菜来清清口。你看，中华民族就是一个非常务实的民族，西餐用红酒、白葡萄酒来清口，作为菜肴之间的间隔。但在中国，就算清清口，也必须是实际的、能够果腹的食物。

萝卜、白菜是北方冬日最常见的食物，在过去漫长的岁月中，所有的绿色蔬菜都因为寒冷而在深秋开始就不见踪迹，只有这些耐储存的蔬菜才得以出现在北地的餐桌上。

但并不仅仅是蔬菜的味道。

沸腾了一个多小时的铜锅里，原本已经是一锅极鲜的肉汤了，将寡淡的食物投入鲜美的肉汤中，有些人喜欢撒点葱花、蒜苗，连汤带菜喝一碗——"原汤化原食"。

这真是令人心满意足的一餐饭。

出门的时候，羽绒服是敞开的，围巾斜挂在身上，帽子是歪的，人们热气腾腾地走进寒气里，毫无惧色。

风继续吹着，毫不留情地吹向行人的脸颊、耳朵、头发和衣服的缝隙，但并不觉得冷，食物带来的热量在身体里持续发酵，身体里好似有滚烫的马达，不停地散发热气，人们盘算着下次去哪里聚一聚。

冬天，是一个令人心安理得地发胖的季节。

烤肉，一场小规模的人类返祖现场

来，跟我念：

"我的生命之光，我的欲望之火。"

…………

"烤羊肉，烤羊肚，烤腰子，烤板筋、蹄筋和肉筋。"

这是一种属于兰州人的组合密码，清晰蹦出的一个个字紧密地汇集变成词，带着一种神秘的魔力，人们关于夏天、凉风、冰啤酒和烤肉的欲望之火被打开，路边的一个个烤肉摊子是帮凶。

再没有什么能比烧烤更能代表夏天，如果加上冰啤酒，这俨然已经是夏天的盛宴了。

一年四季中，夏天是植物繁盛的季节，蔬菜水果都长得蓬蓬勃勃，任人宰割。逻辑上来说这是一个丰饶的季节，但在农耕文明几千年的延续中，夏天都是在侍弄庄稼的繁忙和等待雨水的焦灼中度过，人们实在没有多余的耐心，去制作什么夏天里的盛宴。

夏天没有盛宴，但有足够多的小点心。

绿豆汤、龟苓膏、苦瓜、冰粥、汤水，这些解暑的食物顶多算苦夏不得已的一种策略，很难构成一种庞大到令人神往的饮食结构。比如说，我从未见到有人因为想要喝一碗绿豆汤而在深夜的朋友圈里许愿，但烤肉可以，冰啤酒可以，如果烤肉和冰啤酒一起，那么已经可以在深夜短暂地引起朋友圈的一场点赞狂欢了。

全国各地都有代表性的烤串儿。

但在西北，人们不说烤串，只说烤肉，无论扦子细细、肉细细的陕西，还是大串红柳烤肉和馕坑肉的新疆，抑或取中间值的甘肃，烤肉就是烤羊肉，不是五花肉，不是牛肉，不是鸡肉，只有羊肉才是西北的烤肉霸主。

"串儿"多少被素菜混淆了概念，西北的烤肉，主角是"肉"。至于玉米、韭菜、茄子，那不过是烤肉店为了顾客不得已而为之的加菜，有一种勉为其难的气质，毕竟在十几年前，烤肉店供应的素菜只有一种——土豆片。

最好的烤羊肉来自羊腿，悬挂在烤肉店的羊腿被小哥熟练地用尖刀剔下肉，切成拇指大小的羊肉块。《新龙门客栈》里黑店小哥拿着一柄锃亮的尖刀，行云流水的剔骨技能娴熟得令人感觉可怕，嘴里秃噜着一口纯正的兰州话则是现实的注解——演员、兰州人陈逸恒当年在香港发展，电影里黑店小哥的配音恰好来自他。

这个在茫茫大漠矗立的客栈也使西北的性格、风貌被高度提纯、影视化了。尤其是城市里的西北人说不清是因为这部电影，所以做派更加豪放，还是骨子里的 DNA 作祟，在某个年龄突然一触即发、西北血脉觉醒后，我们骨子里的血勇和彪悍喷薄而出。

用森森白牙拉扯着扦子上的烤肉，是解药。

一个扦子上有四块肉，里面一定有块白色的羊油，这是一种绝妙的平衡，紫红色的后腿肉几乎没有脂肪，用羊油可以平衡干柴的口感。这是手艺人恪守多代的传统，一口将扦子上的肉撸进嘴里，羊肉和羊油互相影响，可以实现 100 分的效果。

但现在有很多人要纯瘦的羊肉。

烤肉的师傅十分不满，非常不满，这对于羊肉串的品质有极大的损耗，他们苦口婆心指导、教育食客，希望能够将这种美味的逻辑传递下去，分享同一种对羊肉串审美的标准。但人哪里能听进去？人终其一生获得的教训就是不会听取任何劝告。

服软的烤肉小哥一路溃逃，干脆破罐子破摔，引进了豆皮、香菜卷、金针菇这种令他痛心疾首、心如刀绞的素菜。当然，后面来的烤肉小哥已经能轻松地接受这种事实，甚至致力于推动这种创新，譬如在烤茄子里打一颗鸡蛋，或者在烤辣椒上滴几滴蒜水，竟然能获得食客们的啧啧称奇。于是，一场饮食界的工业革命滚滚而来，碾压着、逼迫着这些传统的食物推新品，创立新口味，颠覆过往。

烤肉

　　但烤肉必定是有自己的坚持，它不是小龙虾，没有想要取悦整个世界的野心和欲望。在原料充足的西北，人们也不希望将烤羊肉研发出咸蛋黄味、蒜蓉味和冬阴功味，只要老老实实在新鲜的羊肉上撒上辣子、孜然，就已经达到西北人口感的及格线了。

　　万物皆可烧烤，烤腰子更是最风靡的那一串。将白色油脂包裹的腰子一劈两半后，架在火焰上，油脂滋滋地滴落下去，外皮焦黄，但腰子还是嫩的，两者会诞生一种又脆又嫩的迷人口感。全国各地都有，说句很宏观的话——人们的欲望都是相通的。

　　夏天，北方的风是冷的。

　　可能只有出了西北，才能体验到最低温度和最高温度之间只相差几度，被炎热支配的恐惧。但是在兰州、在青海、在新疆，无论正午的烈日如何炙烤着大地，到了傍晚它们势必偃旗息鼓，风一定会来，夏天的冷风吹着人们的脸、胳膊和裙子，人们在河边喟叹着，"风好，好风"。

于是在清凉如水的夏日傍晚，距离天黑还有很长的时间，人们总得做点什么，来打消生而为人的虚无。据说哲学可以解释这一切，但人类在某些时刻动物性也会苏醒，也有不想被高等动物的逻辑掌控的片刻，望着浩浩汤汤的黄河水，喝着放了黄冰糖的三炮台，要是能来一些烤肉，那就最好不过了。

最好是馕坑烤肉。

铁扦子上挂着一咕嘟一咕嘟核桃大的羊肉，就像沉甸甸的葡萄架一样。或许是馕坑里密封的空间使羊肉保持了水分，馕坑烤肉紧致的外皮里面裹着的肉是鲜甜而充满水分的。对于羊肉鲜甜这个形容，我知道很多人会摇头，会质疑，可西北最新鲜稚嫩的羊肉，因为还未曾长老，确实保有着山野植物的水汽。但这需要经年累月对于羊肉这种食物的熟稔以及热爱，再加上老辣的味觉和触觉才能感知。

板筋是白色的，像松紧带一样雪白的菱形块，来自牛的某些组织；蹄筋也是牛蹄筋，羊蹄过于小，剔取蹄筋又比较烦琐，只有牛蹄筋才能够被切成块，穿到扦子上；肉筋是羊肉的某些部位，羊油和肉包裹着似有似无的筋。这三者是很费牙齿的烤肉，尤其板筋，仅仅有锋利的牙齿切割是不够的，还需要撕扯、撕咬这种原始力量参与，才能够将又滑又硬的板筋勉强吞到肚子里。

这在现代是一种很不雅的餐桌礼仪，但倘若在夜色下的西北，每个人都吞下去几瓶冰啤酒的时刻，人们眼前的光逐渐变得眩晕，天上的夜色和太阳的余晖擦肩而过，这日夜交替的瞬间，就像百万年前，人类第一个直立行走的祖先望着月色那样。人们未免会放纵一些，松懈一些，人的动物本能会从规则的压制下慢慢溢出。

正如此刻。

"我的生命之光，我的欲望之火。"

筷子面肠、河西肺

江南富庶。

《红楼梦》里一道道菜肴点心，北方人闻所未闻，眼花缭乱而不求甚解——完全没有这样的生存环境，想象不到鸽子蛋这原本就是稀罕玩意儿的食物，要经过十几道工序，变成完全不像鸽子蛋的一种食物。

那些曾当过王朝帝都的城市，在餐食上也是很有底气的。

北京的官府菜，因为时间上跟清朝接近，所以得以较大程度地保留，以食物珍奇、奢侈为侧重点，需要熬制三日三夜的鱼翅浓汤、近百条野生鲫鱼只取鳃部一小块的鲫鱼汤，听起来像是传奇。因为慈禧为了躲避战乱，在民间溜达过大半年，连窝窝头都借了慈禧的名儿，增添了许多皇家的贵气。

南京因为有袁枚的《随园食单》诞生了"随园菜"，讲究食物、器皿之间的审美搭配。食材的讲究和制作普通人闻所未闻，仅茶叶蛋一项，他经过实验认定，浸泡四个小时风味最佳，软嫩可口。这样的精巧细致，在西北，唯有陕西勉强能与之抗衡。

陕西曾经孕育过十三个王朝。

上过国宴的陕西葫芦鸡因其复杂的工艺而被称道，除此之外，糟肉、带把肘子、紫阳蒸盆子等当地名菜如果放到南方，不过是稀松平常的菜肴而已，尤其是蒸盆，广州过年时有盆菜，甘肃有暖锅子，如今又有肉蟹煲、香辣虾煲等类似盆菜的吃法。

到了甘肃，这种差异就更为明显。

此地像一柄如意，从地图上来看，瘦而狭长，从陇东南到敦煌，大概有 1400 多公里。靠近四川的陇南气候湿润温暖，白龙江的大熊猫基地里，"滚滚们"每天过着卖萌吃竹子的美好生活；靠近陕西的庆阳和平凉，全世界最厚的黄土层被命名为董志塬，这也是甘肃农耕文化特征最明显的区域；穿越丝绸之路，靠近新疆的敦煌，20 世纪起，在国际上形成了一门新的显学——敦煌学，戈壁与大漠干燥的温度为保存莫高窟内的经卷和壁画立下了汗马功劳。

这样一个游牧文化与农耕文化交汇的区域，诞生了无数两者相互融合而产生的食物，牛肉面、羊肉面片、羊肉垫卷子、牛肉小饭……动物蛋白质与淀粉的亲密融合，使当地人普遍红润、健康，如此方可以抵御北方冬天的寒冷。当然，还有手抓羊肉、巴掌大的清水牛排、烤肉等需要大快朵颐，不需要淀粉配合的食物。

将此地的历史细细密密梳理一遍，除了用以糊口的山野小食，在历史记载中最著名、隆重、复杂的食物，叫作河西肺。这种食物曾经登上过元代的国宴，做法被收录在忽思慧记录的《饮膳正要·聚珍异馔》中，从章节名就可以很明显地看出，这是一种奇异、小众、非比寻常的食物。

这种食物诞生在河西走廊，所以以地名来命名。

又因为制作手段与河西素来简单粗暴大锅煮肉的方式完全不同，而被人记录了下来。

"河西肺：羊肺一个；韭六斤，取汁；面二斤，打糊；酥油半斤；胡椒二两；生姜汁二合。右件，用盐调和匀，灌肺煮熟，用汁浇食之。"

仅就六斤韭菜取汁这个细节，我就疑心这不过是因为在中原流行而后本地改良的做法，如此精巧细腻繁复的手段，与河西走廊粗犷的游牧风格大相径庭。

我早先疑心这是魏晋时期，为了躲避战乱而迁徙到河西的名门望族的产物，但中间相隔近千年的历史，似乎又很难解释为什么没有被记载在隋、唐或者五代十国的任何一个阶段。

到宋、元之间，这种食物倒在各种文献中非常常见，甚至可以看出，这在中原或者都城是一种大众而寻常的食物。

宋朝的都城临安，小商贩担着装满灌肺的扁担沿街叫卖，想吃的人唤一声，担子应声落下，根据需求现场切下来一小块，飞刀切成薄片，浇上香辣酱就可以食用了。

这跟如今在夜市上、小摊子上吃到的羊杂、牛杂如出一辙，不过没有灌肺那么精致罢了。

这个发现令人沮丧，工业革命后，普通人也享受到了更多生活上的便利，我们甚至焕发出一种奇异的自信心，一度认为我们的生活已经发生了翻天覆地的变化，前人的一切都应该被埋葬在故纸堆里。

但我们在故纸堆里挑挑拣拣，发现当年大众的生活方式、所思所想，其实跟我们并没有太大的差别。我们会深思如今快节奏的生活是否真正具有价值，而不是一种错觉？

所以，我们就姑且判断，这是一种当时非常流行的食物，无论起源自哪里，是全国各地都有的普通食物。但为什么单单河西肺被记录了下来？

极有可能，河西肺，对当时的元朝而言，是一个遥远的、在过往的历史上未被彻底驯化的地方的食物。元朝的胜利，则昭示了这块版图的归属，就像邦国的首领要将自己最珍贵的食物上供一样，河西肺的收录，政治意义大于实际食用口感。

奇怪的是，就像掠过历史的一阵风，到了明清，这种食物突然消失了，明代的《宋氏养生部》，清代的《食宪鸿秘》《养小录》，直至后来的《调鼎集》等食籍上，再也找不到它了。

但它依旧以另一种形式，在民间留存着。

四川有一种食物，叫作金银肝，将猪油渣填入洗干净的猪肝里扎紧，置于文火中烤熟，如今已经有能够控制温度的烤箱，直接设置合适的温度，将猪油跟猪肝烤到浑然一体，放凉就可以切片食用。

金银肝口感韧性十足，而又因为里头包裹的猪油而变得软糯，这是一种极其综合的口感，跟河西肺一样，都是取自边角料的重新塑造。如今，金银肝里还会填入咸鸭蛋黄，蛋黄的黄和猪肝的红棕色使这道菜看十分美观。但就口感而言，蛋黄略干硬，硬的猪肝外皮和滑腻的猪油渣，才是天作之合。

时至今日，在甘肃、宁夏、青海一带，都有一种跟河西肺的制作逻辑和食用方式几乎相同的食物，叫作筏子面肠。

为什么叫作筏子？据说是因为做出来的肠子很像黄河渡口上的羊皮筏子，为了防止西北的风将羊皮筏子吹裂，人们会用烧熟的油脂擦在筏子上来保持湿润，长此以往，被擦得油润发亮的羊皮筏子呈现出黄而黑亮的视觉效果。

单靠想象无法理解筏子到底是什么样的食物。筏子是羊杂的一种，但相比直接煮熟装盘的羊杂，制作手段又更加复杂，以剁碎的羊心、羊肺为主，如果不够的话可以掺一点羊肉，将切好的颗粒物塞到羊肠子里，取"原汤化原食"之意。煮熟后的内脏会透过羊肠呈现出黑红色。筏子的颜色，乍一看跟漂浮在黄河里上了年头的羊皮筏子，确实还有几分相似呢。

装好之后，可以放在锅里煮熟留下待用。简单点说，筏子是世界各地都会制作和食用的香肠的一种，是平平无奇的肠类，毕竟四川还有将排骨直接扎进香肠的做法呢。

筏子的意思已经解释清楚了，那么面肠是什么呢？

筷子面肠

面肠顾名思义，就是用面来填充的肠子。

到了这一步，终于与河西肺有了直接的关系，甚至可以直接照搬河西肺的菜谱来制作，用韭菜汁、胡椒粉、姜末等去腥的调料和面粉搅匀成面糊，将面糊灌入羊肠中煮熟。跟河西肺唯一的区别就在于，面肠的承载物是肠子而非羊肺。

如果一定要给河西肺找一样传承的话，面肠确凿无疑是它真正的传承。

在甘肃、宁夏、青海的吃法中，筷子和面肠是绝配，它们必须搭配在一起，像牛肉和土豆、番茄和鸡蛋、面包和牛奶一样，已经形成一种非常固定的组合，两者缺一不可。

无论在餐厅还是在夜市上的路边摊，都能看到黑色与白色形成鲜明对比的筷子面肠，人们经常用羊肠小道来形容山路崎岖不平，装好羊内脏和面糊的肠子依旧细长弯曲，盘桓在一起。

等到需要食用时，按照分量切一条黑色的肠，切一条白色的肠，在热锅里烤得滚烫后切成块儿，装盘撒调料一气呵成。

不过，从刀工上就可以一睹西北的风格和手艺，每一块羊肠都几乎有成年人的两个指节那么长，反观四川香肠和广州香肠薄而透亮的切法，浓郁的地域风格呼之欲出。

筷子里塞的是混合的馅儿，口味比较综合，有软糯的羊肺，也有有韧劲的羊心，蘸料一般都是油泼过的辣椒、蒜泥以及一些不知名的调料的组合，用口味辛辣的蘸料来平衡羊的内脏灌肠之后的气味，尤其是在铁板上烧得滚烫而焦黄，泛着油脂的第一口筷子最是鲜美。面肠雪白，入口是紧而细腻的淀粉口感，这两者的搭配奇妙地契合了身体对于饮食的要求——蛋白质和淀粉缺一不可。

这只是街边的寻常做法。如今，人们的生活水平有了很大程度的提高，食物不再只是为了果腹，而是跟心情、环境联系在一起，进食变成了一种愉悦的过程。筷子面肠也逐渐抛却了以前粗放的食用方式，开始在高级餐厅变得精致起来。

甘肃临夏，筷子面肠的主要产区和食用地。

对筷子面肠的改造，也是他们本地餐饮文化现代化的一个佐证。

食用筷子面肠最大的难点在于，温度会使筷子面肠的口感大打折扣，如果说滚烫的筷子面肠能打 100 分的话，温暾的只能打 30 分，随着温度下降，风味会断崖式下跌。

所以，在铁板烧已经是全国非常大众的一道菜之后，急需要保温的筷子面肠，跟它一拍即合。

就像鲁菜名菜九转大肠的摆盘一样，肠子被切断，直接置于铁板上，因为油脂和温度的作用滋滋作响，黑白相间的筷子面肠上面撒了绿色的葱花、香菜，待到服务员端盘上桌之后，噼里啪啦热烈的交响曲还要响上好一阵子，等到铁板温度逐渐降低，上面的筷子与面肠已经所剩无几。

改良时，还难能可贵地保持了筷子面肠的本土特色或者说精髓——筷子面肠的厚度没有随着改良变得精致，还是矮胖的圆柱体，横切面可以增加接触铁板的面积，油脂在高温下被逼出，原来略显油腻的口感也变得更加清爽适宜。

不知道元朝时宫廷内如何食用河西肺？

《饮膳正要》上只是粗略地说，"用汁浇之"。

宁夏的早餐，以一碗羊杂割开启。

羊杂割里面包括羊头肉、羊肚、羊心、羊肺、面肠。没错儿，在宁夏，面肠跟杂碎放在一起煮而食之。将以上配料放在碗里，浇上滚烫的羊汤，撒上碧绿的葱花、蒜苗和红彤彤的辣椒，飘着热气和香气的羊杂，就给寻常的一日增添了许多高光亮色和暖意。

羊杂割还有一种吃法，将所有的羊杂置于小锅子里，在滚烫的羊肉汤中"汆"至油脂融化之后，用蒜水、辣椒、酱油、醋等多种调味品组成的酱汁"以汁浇之"，这种方式更加滚烫和入味，尤其是对于凝结点低的羊肉来说，只有彻底加热后，羊肉的香气和口感才会被激发出来，在寒冷的早晨，散发出阵阵白雾，诱惑着经过此地的人们。

"汆"这种做法非常常见，全国各地都有代表性食物。比如杭州的"片儿川"，人们考证说，那个"川"其实理解成"汆"感觉更为合理，起锅煸炒肉片、笋和雪菜后注入高汤，几分钟后浇在煮好的面条上，这是一种十分复合的香气，很难说究竟是其中的哪一样最大程度地增添了风味，但它们集合在一起，就给予了人们无与伦比的味觉享受和刺激。

在北方，快汤快面汆熟的面类也有很多，在西北随便一家烤肉店里，夏天会搭配拌上酱汁的凉面出售。等到天气变冷，很快就变凉的烤肉和凉面使人感觉更冷的时候，小锅汆出来的羊肉面片就上线了，将羊肉快速煸炒，加汤加配料后，将旁边大锅里刚刚煮熟的面片用漏勺捞至小锅里搅拌后，羊肉面片就做好了。这种做法跟"片儿川"如出一辙，方式手段没有任何区别，不过是因为地域差异性，原料不一样而已。

不过，相比千年前元朝国宴上六斤韭菜取汁浇之的精细，在民间，韭菜的使用倒是日常而粗放的。

陕西的臊子面中，油泼辣子漂浮在汤面上，显得红润而滚烫，与之相配的，一般都是切成小段的韭菜。韭菜是碧绿鲜嫩的，有十分鲜明的口感。喜欢的人认为这是有一种奇异香气的植物，被制作成韭菜炒鸡蛋、韭菜包子、韭菜饺子、韭菜合子等多种美味。不过如今在地铁、公交等公开场合，严令禁止食用这种气味浓郁的食物，这也说明了在不喜者的嗅觉中，这是一种多么令人厌恶的味道。

在西北，人们通常用韭菜来为羊肉汤调色。香菜、蒜苗和韭菜是搭配羊肉的"吉祥三宝"，在清澈而漂着油花的羊肉汤中，人们随手抓一把翠绿的"三宝"撒在上面，植物青涩的香气会中和羊肉汤浓烈的气味。有些人说，这些香味里面有"膻味"，虽然久居此地的西北人不管是出于属地自尊心、"久而不闻"还是其他原因，都再三对外申明"我们的羊肉是不膻的"，但用韭菜或者韭菜花点缀，明显使羊肉的香气有了清新而综合的味道。

在内蒙古，羊肉与韭菜的搭配是如此般配协调，以至于人们卖羊肉时，还搭配开发出了韭菜花酱的便携装，用于如今小家庭的羊肉蘸料。对了，北京涮羊肉中，韭菜花也是不可或缺的一味酱料，也许是因为北京的羊肉大多来自内蒙古，顺道将这个习惯传至北京。

元朝的河西肺，主料、配料都是如此齐全，以至于后来的人很难大刀阔斧地从源头开发出一条路，只能些微地在某些角度进行一定范围内的创新，这可能就是久远的文化带给我们的财富抑或桎梏。

羊肉夹沙肉丸子

是谁来自山川湖海，却围于昼夜、厨房与爱。

——万能青年旅店乐队《揪心的玩笑与漫长的白日梦》

所有做过梦的孩子们都会在某一个清晨或者夜晚猛然清醒，漫长的青春期的梦想被现实捶打得支离破碎，人们像宿醉后的清晨一样幡然醒悟，但依旧会在深夜的月光照拂下买醉。

在理想的幻觉支撑的那些光阴里，庸常的生活代表了一种无望而平淡的日常，像白开水一样温暾，夹杂着铁皮壶里漂浮的尘埃抑或水垢，人们坚信自己终将会进入一条完全不同的赛道，道路的每一寸土地都是崭新的。但过来人总会在某个时刻予以痛击——人生不过是回旋的跑道，至于你认为是新的，那不过是自大的错觉。

好吧，就这样吧，回到碌碌无为的庸常生

活，文艺青年带着三分凉薄和不屑，被动地进入到这人类必经的通道中，是谁来自山川湖海，却囿于昼夜、厨房与爱，他们囿于厨房，却经常抬头看到月光。

所有的母亲似乎都擅长料理肉类，哪怕她们也许是从孩子出生才勉强习得这个能力，但经年累月，娴熟使她们看上去变得慈祥和博爱。很多人都说，自从成为母亲，见到路上的流浪猫和流浪狗都觉得心痛——替它们的妈妈心痛。

这种几乎不求回报的缠绵爱意是人类最伟大的爱。

所有的羊肉都最终会送入厨房，曾经弹钢琴、小提琴或古筝的手拿起沉重的剁肉刀，将一只羊拆成一堆羊肉和羊骨，这是西北父母们的厨房修养。在西北，没有往厨房里拉过一整只羊的，不是真正的西北人。

整只羊进入厨房之后，家常的日子开始变得华美起来。

大块的骨头早早煮了汤。往洁白而带有筋头巴脑的骨头汤里放点姜片和花椒，煮的过程中汤色上开始漂浮起油花，汤色一直是清澈的，这是最朴素的羊肉清汤。一家三四口围着煮好骨头的锅，一顿饭就能啃掉半只羊的骨头——肉剔得很干净。每个人都觉得吃羊骨头，只是略微塞了一点牙缝，这不能够算吃肉，顶多光啃了骨头。

喝羊汤。撒胡椒粉、蒜苗、香菜，配白饼或者下面条——汤底在有些地方是很重要的味觉来源，但在粗放的西北，配着馍喝掉半锅汤是常有的事儿。这也使每次都用保鲜碗装一些原汤，留下来煮面条的我显得有点过于"细法"（方言，略小气的意思）。

勤俭持家是无数中国人的家训。

一只进入到厨房的羊，也必须成为一整个冬天餐桌上的重点，这是精打细算的主妇们反复衡量后的最佳处理方式。

一只后腿和前腿埋在院子里的雪堆里，或者干脆挂在院子里搭建起来的棚子里，冷风吹过去，羊腿被冻得硬邦邦，除了馋嘴的猫不时试图爬上去啃两口之外，羊腿在整个冬天都是安全的。

肋条肉被拆掉骨头，切成红枣大小的块儿——有可能孩子嘴馋想要吃烧烤，撒上花椒、辣椒、孜然，串在铁扦子上烤成羊肉串，这已经是20世纪90年代之后一些家庭的做法。在此之前，羊肉串这种大口吃肉的方式，太奢华，太豪横，人们不能容忍全家就像"败家子"一样，一顿足足吃掉好几斤肉。

腿肉要切成细细的臊子——羊肉面片、羊肉香头子、羊肉臊子面，这几乎是冬天整个西北的家常便饭。面片子有一些数量不算多的羊肉丁，再加土豆、萝卜片，显然会大幅度提升味道；羊肉香头子是细而短的羊肉面条，擀面时会混合一些防止粘连的面粉，所以它的汤就像勾芡一样更厚重，也更能保持汤的温度；羊肉臊子面的浇头是用羊肉炝香，再加土豆、萝卜、豆腐块制作而成。这三种食物其实配料都几乎一致，区别就在于切成丁、切成片、切成丝，本地人分得清清楚楚。

羊肉面片家常一些，羊肉香头子在河西走廊叫"糊锅棒棒"，是大年三十的"装仓饭"，臊子面则是来客人之后比较正式和体面的一餐饭。看吧，每一种食物都被赋予了完全不同的用处。

在春、夏、秋三个季节，人们也常吃素面片、素面条和素臊子面，这些跟"素"截然不同的"荤"饭，是整个冬天都令人心满意足的美好生活。

有一部分羊肉剁成肉馅，过年要包羊肉土豆馅儿的饺子。分好的肉照样埋在雪堆里或者冷冻在冰箱里——如今就算在农村，冰箱也不算什么了不起的家电了。

这样安排得明明白白后，多出来的一些羊肉，就给了主妇相当大的发挥空间。

肉丸子是城市讲究精细喂养的妈妈们为孩子制作的食物，将羊肉剁碎，如今的绞肉机可以将葱叶、蒜苗一同搅碎，肉糜加一些盐和调料，捏成鹌鹑蛋大小的丸子，就可以在滚开的水里氽熟，汤底逐渐有肉的气息，圆溜溜的肉丸子浮出水面，这是孩子乳牙萌发之际最有营养的食物。

西北传统做法是油炸丸子——油炸肉丸子、油炸土豆丸子、油炸红薯丸子，中原有一些地方还油炸萝卜丸子、油炸绿豆粉丸子，大有油炸一切的趋势。

炸丸子曾经是逢年过节改善生活的一种饮食：人们已经有足够的油脂可以翻滚，已经度过了格外贫瘠的岁月，在某个秋收后，看着清凉淡黄色的油，再掂量一下家里的存货，咬咬牙说："炸个丸子吧。"

如今人们随时可以去超市买来面包渣、肉馅来炸一锅圆滚滚的丸子，但在过去，炸肉丸子是程序庞杂的过程，必须从三天前就开始计划。

一定是秋冬之际，只有农闲下来才有足够多的时间。

还要有半干的馒头，这是肉丸子仅次于肉类的重要配料。将两三个碗口大的馒头揉碎与肉馅混合，撒姜末、蒜末和调料粉之后，搓好一个个小丸子，就可以排队进油锅了。

炸完肉丸子后，剩余的油炸三锅土豆丸子、三锅萝卜丸子，这些素丸子可以拿来给孩子们解馋。土豆泥或者土豆丝被油炸之后，软糯而香，萝卜丸子则保留着植物的水分和清甜，两种丸子都非常美味，要是晚餐能有一盘素丸子——这必定是值得期待的美好傍晚。

肉丸子被小心放置起来，等待着某些重要时刻的到来，人们总是恪守一种格外严格的规则，并将这些规则内化为审视自己的目光——不可以享乐，不可以贪馋，要吃足够的苦，才能尝一些甜。

过年前，总还要炸夹沙。

夹沙是中国北方流行了几百年的一种食物，在北京、天津、西北、东北都有，不过名字略有差别，简单点说，是蛋皮包裹着肉馅儿的一种做法，上海的蛋饺虽然逻辑上相同，但精巧的

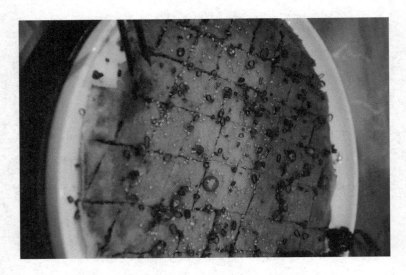

夹沙

蛋饺体现的显然是南方审美标准。

夹沙则是北方的，竭力精巧但终究粗犷的一种代表食物，又因为是节日专属，夹沙程序更烦琐，更显得郑重其事和富足，仅原料就用到了肉类和鸡蛋，这在过去的很多年里都是珍贵而充满营养的原料。鸡蛋摊成薄厚适中的金色蛋皮，将调好馒头渣的肉馅均匀铺在蛋皮上，用刀切成菱形或者长方形，四边蘸水，用淀粉封面之后，就可以进锅炸了。

炸好后蛋皮变成深黄色，中间的肉馅松软而味美，这是过去唯有过节期间才能制作、食用的限定食物。刚炸好略微品尝之后，夹沙会被挂在院子里的树丫杈上、棚子里的屋梁上。

漫长冬季招待客人的暖锅或者粉汤里，会漂浮起夹沙和肉丸子，这两者使食物显得郑重其事，某种程度上是"门面担当"，是一家人认真待客的体面。要是再有一些切成块的牛肉，撕成条的鸡肉，这已经是很高规格的一餐饭了。

　　如今西北的餐厅里有"酸辣夹沙""夹沙炒丸子"等传统菜肴，这是高于日常生活的食物表达。不然，为什么人们提到"下馆子"，都带着一种神往和期盼？自然，这是过去。如今的城市人群里，追求家常、轻食、姥姥做的菜，反而成为一种风潮。

　　陕北有一道上汤小酥肉，背后的逻辑跟丸子、夹沙相同。用油炸、盐腌、冷冻、风干等多种方式，千方百计延长肉类的可食用时间，这可以拉长人们食用肉类的幸福感，就像诗人娜夜写过的一首诗："我珍爱过你 / 像小时候珍爱一颗黑糖球 / 舔一口 / 马上用糖纸包上……"

　　人世间的爱意都是相通的。

主食

羊肉抓饭：自然与山野的恩物

夜晚十点的喧闹是独属新疆的。

这时虽然被城市里的人们戏称为"夜生活"的开始，但按照医生关于健康和养生的建议，大多数人都在安静的夜色中等待进入梦乡。

可是在新疆，这是绝大多数人才开始吃晚饭的时间。

主妇刚刚将饭端上餐桌，顺便切一盘西瓜作为餐后水果；餐厅里灯火通明，人们要十串馕坑烤肉，再配几瓶啤酒；夜市上人来人往，酸奶、石榴汁、蜜瓜、烤包子……不用说，这几个场景虽然如此不同，但一定有羊肉抓饭的一席之地。

到了新疆，羊肉抓饭就像牛肉面之于兰州，羊肉泡馍之于西安，螺蛳粉之于柳州一样，这是一地当之无愧的代表性食物。若没有在新疆捧着一盘光泽鲜亮油润的抓饭大快朵颐过，这次的新疆之行未免就有点淡淡的怅惘和遗憾。

羊肉抓饭 千年前一位医生研发的滋补"药膳"

所有著名的食物都会同样搭配一个历史悠久的传说佐餐，传说使食物本身增加了很多趣味，甚至能使大众产生一种与历史互动的满足感。正是在这样的心理下，人们千方百计地在历史间寻找一些蛛丝马迹来印证当前的食物，形成一个完美的逻辑闭环。

在传说里，羊肉抓饭已经有一千多年的历史了。

最初这并非一种大众能够享用的食物，能够将肉类、淀粉、蔬菜融合到一起的一餐饭，在生产力低下的过去，确实有一定的准入门槛。那么这个创始人或者最早提出创意的人，必须有与之相匹配的经济能力和身份。

传说这个被选中的人叫作阿布艾里·依比西纳，是一名医生。这是一个无论在什么样的社会背景下，都会受人尊重的群体。传说他到晚年时身体虚弱，医者的本能使他要探究一点什么来帮助自己。他深知药品对于自然的衰老无济于事，只有自身的强壮才能抵御这种自然变化。

他根据家中已有的食物，试图去创造一种类似药膳的补品。

食补、药膳在全世界范围内都有存在，人们相信食物是有力量的，不同的食物搭配起来会有不同的功效和作用。同时也会有相冲相克的食物。虽然现在人们用营养学做出了科学的解释，但从这些过往依旧可以看出人们与食物之间密切的关系。

这位医生最终选用了新疆当地常见的牛羊肉、胡萝卜、洋葱、羊油和大米，这些搭配如今依旧被沿用，就算有调整也属于锦上添花。譬如加一把葡萄干，增加酸甜的口感；或者塞几个香甜无比的无花果，大框架的主料始终沿袭了千年前医生的配方。

这种食物被他研发出来之后，色、味、香俱全。黄色或红色的胡萝卜、褐色的羊肉、被油脂晕染成淡黄色的米饭，在锅里焖煮时就已经在空气中溢出香气，医生按照服药的规则早晚各一碗，半个多月后就恢复了健康。

周围的人都非常惊奇，以为他吃了什么灵丹妙药。后来，他把这种"药方"传给了大家，一传十，十传百，便成为现在维吾尔族人普遍吃的抓饭了。

传说的真实性不置可否，但抓饭确实是一种营养丰富的食物。油脂、蛋白质、蔬菜都有涵盖，符合如今全球通行的膳食标准。

于是，被称为"十全大补饭"的手抓饭就这样走上了万千新疆人的餐桌。

身土不二　本地食材最优化搭配的产物

本地人善于料理本地的食材，这是多年与本地食材过招、形成肌肉记忆后的一种本能。当厨房小白还在纠结"用红胡萝卜做抓饭还是用黄胡萝卜做"的简单问题时，经验丰富的家庭主妇已经毫不犹豫地抓起黄胡萝卜削皮，"咚咚咚"在案板上斩成大块备用。相比常见的红胡萝卜，长得更大、糖分更多的黄胡萝卜在新疆更受欢迎，无论是擦丝拌凉菜还是在抓饭里焖到软糯，它都是优先选择。

还有洋葱，这种被当地人亲热地叫作"皮牙子"的蔬菜，外地人对这种辛辣刺激的食物敬而远之，但在新疆吃过凉拌洋葱木耳之后，突然能尝到洋葱的鲜甜——人们说这是新疆当地的水土孕育出了微辣而甜的口感。只是出了新疆，洋葱就只能提供辛辣这个味觉体验了，但也有可能在新疆大快朵颐时心理因素也占据了一席之地。

在新疆，洋葱可不是只有木耳这一种搭配。西北的生态决定了人们惯于大口吃肉，大碗喝酒，肉类可以完全中和洋葱本身的辣味，洋葱又可以为肉类增加清爽的植物性口感，总之这两者之间是互相成就、推进的关系。除了配牛羊肉，新疆的特色椒麻鸡中，洋葱也是不可或缺的配料。

葡萄干和无花果会提供丰润香甜的口感，虽然大多数新疆人的口味还是以咸为主，但甜味食物确实能够起到画龙点睛的作用，撒上一把葡萄干的抓饭会增加酸甜的口感，这么说吧，就好像把整个盛夏吐鲁番的阳光都撒在抓饭里那么香甜。

无花果，被人们称为"结在树上的糖包子"，是高浓度凝结的甜。晒干储存后，甚至可以超越自然界生长出来的甜度，像冰糖像蜂蜜，有过之而无不及的甜。

糯甜、脆甜、酸甜、馥甜，甜度不同的各种食物，统一在一个铁锅里，煮成喷香的抓饭，这是人们对幸福生活所有想象的抵达。

重头戏必须是羊肉。

这才是抓饭最重要的主料之一，也是新疆人民最为骄傲的肉类。

在西北，青海、甘肃、陕西、内蒙古，人们对于羊肉都有属地自豪并互相认为自己是第二名，没错儿，大家都心服口服地认为，中国最好的羊肉应该是在新疆，必然是在草场丰茂的新疆。

动物油脂是人类还未掌握植物榨油之前的选择，可以说是历史最悠久的食用油，猪油盒子、羊油辣子、牛油面茶，这些都是人们在漫长的岁月里摸索出来的动物油脂的搭配。羊油作为新疆最易得的油脂，当仁不让地在抓饭里提供热锅、炝洋葱的功效，每一家老板的秘方都不同，在这个步骤里，植物油与羊油之间的比例不得而知，但两者混合的香气在洋葱的参与下，变得格外绵长。

要略带油脂、夹肥夹瘦的带骨羊排，还是纯瘦的羊腿肉或者里脊肉，取决于食用者的个人爱好，但基本逻辑是"肥瘦相间"，太肥腻的口感不美，但过瘦的羊肉则因为没有充足油脂的滋润，会使整个抓饭寡淡无味。最优的选择是带一些小骨头的羊排，煮熟后牙齿和舌尖细细品尝，显然比单吃肉更有趣些。

将羊肉和蔬菜煸炒到半熟，散发出浓郁的香气后，就可以将早早泡好的大米倒入锅中焖煮，这一步需要经验的加持，不过好在如今的电饭锅实现了标准化作业，但最美味的一定是铁锅焖煮出来的手抓饭——带着火和铁的味道。

在制作上，这个步骤跟西班牙海鲜烩饭如出一辙，中间最大的差异在于海鲜烩饭里面的米不需要提前浸泡，直接生米入锅翻炒片刻再加水焖煮，这种烩饭里面略微夹生的米始终是中国胃接受不了的硬度，只能归结为饮食文化的不同造就了不同的本土美味吧。

广袤的适用场景使之具有代表性

香气已经早早开始四散，如果是冬天，还能看到薄薄的白雾跟着风翻腾。这是最常见的一个生活场景，它令人感到多么愉快，这是现世安稳在日常生活中的体现，人们不必用各种大词儿来烘托，就知道此刻轻松安定的心情。

羊肉抓饭

揭开锅盖，油亮的米粒早已经浸透了羊肉的肉汁儿。此处有一个知识点：米饭必须保持一粒粒的完整性，如果黏成一团，无论如何都不能称之为好的抓饭，这就涉及最初米的选择以及加水量等技巧。

此刻，羊肉早已经炖得软糯可人，如果是纤巧的羊排，羊骨头在嘴巴里靠牙齿、舌尖就可以慢慢被剥离出来，骨头上恰好带一小块儿脆骨，这简直是无上美味。还有被炖软的洋葱、胡萝卜开始呈现出一种松懈的微甜，葡萄干里的酸甜则在调料的作用下更加突出。一口饭，可以吃到米的弹牙、肉的软糯和蔬菜的清甜，外观上又黄黄白白红红那么好看，是的，再没有其他饭能够同时满足这么多条件了。

还有人焖饭时撒鹰嘴豆，所含蛋白质高于其他豆类，因圆溜溜的豆子上带着一个弯勾而得名，不过这是全世界通用的"大名儿"。当地人根据它的模样，叫它"脑核豆"，各地都讲究以形补形，据说吃这种豆儿能让孩子们脑子聪明。

焖熟的鹰嘴豆软糯绵长，以豆类入饭在全世界范围内都是通行规则。甘肃、新疆的扁豆饭，重庆的豌杂面，远在尼泊尔的豆汤饭，欧洲的番茄鹰嘴豆饭，都是人们尝试将豆类与主食搭配的案例。

再搭配一些凉拌菜，洋葱木耳、莲花菜丝、胡萝卜丝，这些蔬菜清新的口感，也使手抓饭增加了口感和味觉的层次，人们甚至觉得，这样安逸美味的羊肉抓饭，一顿大餐都不换。

看吧，当地最常见的饭菜，必然全部食材都来自本土。只有能毫不费力地获得的原材料，才能被所有的主妇们随心所欲地使用，甚至为了开发新的制作方式，可以略微浪费一些。过于珍贵就舍不得浪费，这必然在某种程度上限制创新。

羊肉抓饭最初就采用大锅制作。人们住在乡间，在某些盛大的节日或者重要的家庭日时，肥嘟嘟的葡萄已经开始成熟，巨大的铁锅里翻炒或焖煮着抓饭，孩子们在花园里翻找着蚂蚱和蚂蚁，羊肉抓饭的香气混合着院子里植物清凉而洁净的气息在院落的上空翻滚着。这是寻常又闲适的一天，人们拿出足足一天的时间来吃饭，喝自酿的葡萄酒，跳舞。

对身体被规则束缚了很久的汉族人来说，摆动肢体是令人难为情的，需要做很多的心理建设，才能勉为其难地摇晃一下手臂。但对擅长歌舞的少数民族群众来说，这是近乎本能的，人们的快乐和悲伤需要舞蹈和歌声作为载体，最终这种因着"与神对话"而创作出的动作，成为后来的人们与自己的心灵对话的方式。

后来，进入城市的人们开始在小锅子里做抓饭，一样的原料，电磁炉和天然气做出来的抓饭还是和柴火铁锅有细微的差别。城市里长大的孩子分辨不出这种不同，只有曾经有乡村经历而后入城的人，才能怅惘地回忆那夹杂着柴火烟气的手抓饭。这也是很多城市突然雨后春笋一样冒出"柴火鸡"的原因吧，这种盛行于东北进而流行于全国的食物里，恐怕也有许多人对"柴火饭"的乡愁。

不过在乌鲁木齐街头，还是随处可见外面摆着大锅的羊肉抓饭，因为顾客需求量大，餐厅的抓饭依旧延续了传统的铁锅焖饭模式，当地人或者游客只要点了羊肉抓饭，带着小花帽的伙计会从大锅里铲满满一碗，再顺手铲两块儿褐色的羊肉盖在米饭上。

餐厅里一般会销售"肉"和"素"抓饭。这两者都来自同一锅饭，唯一的区别就在于抓饭上面那两块像"帽子"一样的羊肉，无怪乎云南将米粉上面的浇头叫作"帽子"。没有"帽子"的素抓饭偶尔也会吃到混在米粒中极小的羊肉沫，这对肉食爱好者来说，可以算得上一个小小的福利了。

牛肉小饭：西北的江南气韵

在此之前，我不知道张掖牛肉小饭的"小"，是形容词。

它毋庸置疑对应的是大。但在食物中，这种大有可能是宏大、隆重和正式，是满汉全席、12 道菜、烤全羊的大。

人们习惯性将更加家常、简便和易得的一些食物冠以"小"，家常小饭，烧个小菜，听到的人自然会意，了然于心。

一碗家常的北方小饭，勾不起异乡人的好奇心，虽然全国各地都有自己著名的汤面，但各地汤面还是因为地域或历史资源而大有不同。

人们说南汤北面，南方人讲究汤底，北方人讲究面本身的质感。但很有可能，这不过是因势利导的必然选择。

杭州的"片儿川"，快火汆出来的热汤热面，点睛之笔是北方基本很难见到的鲜笋，这种鲜美因为季节和气候而变得珍贵；苏州的大排面因为繁杂的制作工艺和入口即化的大排质感而经久不衰，成为当地的一个代表性食物；三虾面受自然限定，需要在雌虾肚子里装满虾籽的季节，更是繁复手艺的集合，将虾仁、虾籽、虾脑分别制作后再集合在装了面条的碗里。虽然只是一碗面，但制作的流程和时间，不比一道大菜更省力。

在北方，也有全国知名的汤面，但与南方相比，无论步骤还是食材，都更常见和简易。北方四季分明，只有盛夏、秋天会有比较丰富的蔬菜，人们靠着萝卜、白菜熬过漫长的秋冬季，这样的气候极大限制了食物的发挥。小麦在北方的阳光下苗壮成长，北方的面食保留了小麦的麦香和阳光的味道，十分优质，因此，北方的汤面以面为主，汤、菜为辅。

陕北的臊子面汤宽面光，是西北逢年过节重要的面食；兰州的牛肉面全国乃至全球闻名，是牛肉汤底和韧性十足的面条之间水乳交融的配合；山西的上百种面食中，唯一的主角也是"面"。

在北方，尤其是西北，牛羊肉与面食之间的搭配十分常见。

羊肉泡馍、羊肉面片、牛肉丸子胡辣汤、牛肉面、牛肉小饭……因为常见，这种店面的门脸儿都不太大，几张不讲究的桌子擦得油亮整洁，上面摆放着最简单的盐、醋、辣子、油。人在里头挨挨挤挤地拿筷子、纸巾，招呼孩子伸长胳膊端碗，免得汤溅身上，喊老板不要香菜，辣椒多放些，嘈杂中反倒显出十足的热闹来。

这里面有个玄学，据说小店面才能"聚气"。有些广受好评的小店，积攒了几年本钱后换了大的店面，招了多的服务员，人气反倒落下来了。窗明几净的店里人影稀疏地晃动，显出寂寞萧瑟来，账面上盈余也跟昔日有了对比，于是乎重新换回小店，旧日里的一切荣光竟然真的回来了。

这种店招牌大多是斑驳的，因为开了很久，几辈子的街坊邻居都在这里吃面长大，不需要额外的宣传和广告，自然不用在招牌上下功夫。冬天掀开深蓝色的棉门帘儿，里面白色的蒸汽翻滚着往外冒，眼镜上很快挂起一层雾气。看不清，但香气是掩不住的，肉汤的香气和葱花、蒜苗、芫荽清新的味道扑面而来，人们心满意足，在热气里等待一碗牛肉小饭的到来。

门帘两边人们手撩起的位置明显跟其他地方颜色不一样，但正是因为这一点点的脏和热气，反而更令人觉得现世安稳。人世间的一切都是混沌温暾的，那些过于亮晶晶和明晃晃的物件反倒新得令人生疑。

鉴定文物时，有经验的专家一眼就能看出当代伪造的文物，"感觉不对""贼光太盛""没有包浆"。唯有经过多年沉默的岁月，新器物上的那一层光芒才会收敛，火气退却，人们端详时方能说：不错，内敛。

在中国，内敛是一个很讲究的好词儿，年轻时不懂它的好，等到火气渐收，眼睛里钩子一样的欲望慢慢退却时，才知道内敛的好。

这些在城市边边角角的老汤面馆，味道自然是好的。老街坊们用漫长岁月鉴定过德好味和人情味，是如今工业文明下温情的余脉。汤多点、面多点、辣椒少点、来点醋，用现在的话来说，这些都属于私人订制，可以按照每个人的口味进行调配。在工人聚集的格子间，工业化流水线上加工出来的速食真空包，不过能果腹罢了。

甘肃人从地图上看到的甘肃，是处在中国版图的中间，但北上广和南方看甘肃，是彻底的远方。

我不止一次在北上广的机场，听到同伴关切的话语："从这里飞兰州要很远吧？"每到此刻，我恨不得手边有巨幅的中国地图，给他们看一眼中国版图中间的位置究竟是哪里。但我往往没有，也只能轻描淡写地说："不远不远，不远的，甘肃飞全国各地都两三个小时。"换来的往往是难以置信的表情。

自从张掖丹霞国家地质公园在张艺谋的电影中出现后，这七彩山峦和大红大绿开始跌入人们的眼睛。至此，张掖开始走入中国游客的视线，跟着张掖一起走出来的是牛肉小饭。

各地都有自己区域特定的食物。在交通不太便利的以前，外人难以窥见但本地人趋之若鹜的有潮汕的鱼饭、福建的土笋冻、贵州的牛瘪以及云南的撒撇等。但这些对大众尤其是北方人来说，无论是口味还是制作手段都过于离奇，离奇到连尝试都需要勇气，梁静茹给了勇气都不敢下口。

但牛肉小饭显然不是。

这个名字听起来就一目了然，有牛肉和饭。当然，饭这个词儿也有南北差异，在飞机上，空姐说的"饭"特指米饭，面条是单独称呼的，不被纳入"饭"的范围。这个问题一度在社交媒体上爆红，评论里的北方人无论如何也想不通，为什么连面条这种主食都不能算入"饭"中。毕竟在北方，所有能填饱肚子的主食都可以称为"饭"，苞谷、土豆、槐花饭、馒头、包子和煎饼，但南方人觉得空姐也并没有说错什么，米饭才是饭，至于面条、面片，它们都有自己的名字，何必一定要算入"饭"中来。

当然，所有的豆花甜咸、粽子甜咸以及北饭南面这种争论都是无果的。不同地域出生的人还是会在成年后的生活中牢牢捍卫自己童年时习得的味觉。再说，随着年轻人一代一代长大，隔不了多久，社交网络上就会开始新一波的南北口味之争了。

牛肉小饭中的主角自然是面。

尤其在河西走廊，小麦的生产地，肥沃的土壤孕育出的小麦是金色的，这是由此地的阳光晕染而成的。当地人对面有一个评判标准——筋道。这是一种非常任性和本土化的标准，只有在农作物略微缺少水分时，才能增加糖分、蛋白含量和韧性。

西北有一种生长在矮山上的旱地小麦，无法人工灌溉，只能靠天吃饭。老天一年下几次雨，小麦就喝几次水，有时候遇到干旱，麦苗稀疏得就像中年人的头发一样。用这种缺水状态下长出来的小麦制成的小麦粉可能因为缺水，分子之间抱团十分紧密，简单点说就是非常筋道，就像健身教练胳膊上一块一

牛肉小饭

块的肌肉那样充满力量。北方人拉面格外喜欢用这种面,牛肉面馆里又细又长甚至可以穿过针眼的面,最初就采用这种旱地小麦。

　　醒面这个环节也源自这种面粉的特质。面团如果不醒一醒,面条就像顽固的牛筋,无法顺畅地拉到合适的程度。但精明的主妇总是会想到最妥帖的制作手段,来不及醒面时,将面团做成擀面,擀得越薄越透亮而不破,正好显示出主妇们的手艺。

　　刀工也是有讲究的。北方各地,山西、山东、陕西都有关于新媳妇过门做第一顿饭的讲究,这是封建社会中一个新人进入到新环境后的第一场大考。唐代诗人王建的《新嫁娘词》,正描述了这个场景:

三日入厨下，洗手作羹汤。

未谙姑食性，先遣小姑尝。

好的面条是规整顺畅且均匀的，不好的刀工则各有各的问题，很难被统一归纳。

牛肉小饭，就是诞生于这样严格的刀工训练下的一种食物。"小"是形容词，碎小，精巧，只比米粒略大一些。相比面条、面片，更是小得我见犹怜。再者，"小饭"并不一味追求小，饭粒追求的是"小而规整"。虽然小，但每一块都是横平竖直的正方形，不是菱形，不是长方形，不是五边形，是每个角都是90度的正方形。

这便有了入门门槛和评判标准。

据说，历史上因为战乱和社会动荡而迁到南方的北方人，用米研发出了"米粉"这种类似面条的食物。小饭的"小"，又恰恰像米粒一般，不知是不是魏晋时期来到河西走廊的南方人，发明了这种思乡的食物。

历史久远，已不可考，但食物依旧在眼前。

牛肉小饭还有汤底和配料。

牛肉是好的，河西走廊张掖段虽然地处西北，但却是丝绸之路上难得的一块水草丰美的绿洲。张掖籍导演李睿珺在高台县拍摄过一部电影，改编自苏童的小说《告诉他们，我乘白鹤去了》。电影的画面中，水草、芦苇，铺天盖地的绿，没有人相信这里是西北。

况且，这里还有大片草场，牛羊在这里自由地生长，寻找一块好牛肉，不过是易如反掌的事。

所以，牛肉和小饭一相遇，便成为当地延续至今的一种代表性食物。

牛骨熬汤，虽然跟牛肉面属同宗，但两者的口感还是会有差异。牛肉面汤底用草果、胡椒、姜片等十几种调料吊起牛肉汤的鲜美，但牛肉小饭的汤底素净而清澈，几乎闻不到肉汤中调料的味道。香气清淡缥缈，筋道的小饭因为重量都沉入碗底，乍一看，是一碗漂着透明粉皮、绿色香菜的牛肉汤，这是跟西北风格迥异的一种婉约气质，就算是水盆羊肉、清汤牛肉这种肉汤，在西北也浓墨重彩，一定泼墨似的浇上大勺油泼辣子，才算完美。

但小饭是克制的、清减的，油辣子只有淡淡的红晕，汤面是大量留白。用勺子搅动，才会发现云山雾海之下的沉淀。饭粒也是清明的，不会跟汤混在一起，这是中国水墨画中的意境，山明水秀而各自美好，互相不借势，各美其美而天下大美。

务实是农耕民族延续千年的美德，这一点也忠实地贯彻在食物中。牛肉小饭里碎小的饭粒筋道而爽滑，"有嚼头"是人们对食物的赞美，那么小饭就是兼具汤水和嚼头的一种食物。

况且还有牛肉。人们开玩笑说：牛肉面上的那些肉粒是如此之小，宰一头牛怕是能用十年吧？但牛肉小饭里面的牛肉是慷慨大片的，是草原文明给予人类最大的馈赠。人们在一碗牛肉小饭里可以感受到草原文明与农耕文明之间、南与北之间微妙的抵触、和谐和差异，这便是历史悠久、幅员辽阔的国度给予每个国人的气度。

北方天气寒冷，漫长的冬天和春天，人们习惯性地去吃一碗热汤面，花椒使牛肉小饭有着浓郁的中国本土"辛辣"味。毕竟，辣椒传入中国，这可是明朝中后期的事儿了。

这是一种看似平平无奇的口感。汤面平静而看不出异样，花椒味已经完全与汤水融合，在人们的日常经验里，这是一碗温和的"清汤"。毫无防备地入口之后，清汤中的"辛"味开始在味蕾上爆发，几秒之后，人们陡然觉察到"辛辣"的时候，已经是好几口汤下肚了。

绵里藏针，在中国文化中，是狡猾而又有智慧的生活哲学。这是一种与大开大合、浓墨重彩完全相对的处事手段，是温暾但尖锐、外柔内刚的手段，是毫无警惕心地吞入大口汤之后的辛辣，是浑然不觉地走入温和良宵之后的刀锋。略微中性的说法是外圆内方，贬义的话可能就是"口蜜腹剑""笑里藏刀"。

在食物里这反倒变成了一种惊喜，人们一边捞着牛肉小饭里透明的牛肉粉皮，一边感觉心头蒸腾起一阵热气，借由这滚烫的热汤带来的温暖，人们开始在寒冬里憧憬之后的美好生活，西北的夏天也是很美的呢。

牛肉面：三十秒最佳赏味期里的爱意

那是很著名的一家店，经常有人开着车到这里吃面。对兰州人来说，为了一碗肉好、汤好、面也好的牛肉面，半个小时的车程不过是一脚油门的事儿。这也导致了本地人关于面的阈值被一度拉高，评价"好"的要求愈发刁钻起来。

就是在这家店，在我拿着小票东张西望百无聊赖地排队的过程中，突然看到一个新来的女同事。她的对面有一碗面，面前有一碗面。她拿起筷子，先将对面碗里的面挑了几下，又挑起自己的面。这对本地人来说，是吃牛肉面前最稀松平常的事儿，要不及时挑起面，约莫三十秒，面条跟面条之间就会坨成一团，失去劲道爽滑的口感。

牛肉面最好的口感就在三十秒之内。端来面，倒入醋，迅速搅拌，吃下第一口面，这口面就是牛肉面的旗帜。刚刚在沸水锅中自由翻滚的面，被囚禁在一个小小的碗中，被撒入蒜

牛肉面

苗、芫荽、透明的萝卜片、辣椒，就像是素颜的女孩涂上胭脂、
口红、睫毛膏，有一种极为郑重其事的端庄做派。

正因如此，这种端庄要是没有筷子那么一撩拨，很快就会
变得食之无味。在筷子的撩拨下，每根面条都浸入了牛肉汤，
辣椒、蒜苗会跟面条水乳交融，面条有了更加爽滑的口感，汤
也因为被面条吸走了少部分盐而更为可口。

一碗牛肉面的最佳赏味期，就在这短短的三十秒之内。

所以说，端来一碗面，这第一个动作，简直有着化腐朽为
神奇的力量。倘若不信，可以试试用吃羊肉泡馍的方式吃一碗

牛肉面。最经典的"水围城蚕食"，不搅拌，顺着一个地方吃面，吃完一层再吃一层，好好的面条很快就因为汤汁的浸泡而软到无力。这种无力的面条除了因为牙齿无力不能咀嚼的小孩和老人之外，没有一个兰州人视为美食。

其实这并非兰州人对面条的特殊要求。整个北方，"筋道"和"弹牙"都是好面条的标准，南方因为面粉质地一般，因此采用添加鸭蛋、鸡蛋等蛋白质，达到"弹牙"的口感。

筷子撩拨的过程，正是面条跟空气接触变冷的过程，冷空气可以相对较长时间地保持面条的硬度，而滚烫的汤正好与面条形成鲜明对比。

这原本就是个寻常动作，还没等我转过头，我的视线中就进入一个男同事端着鸡蛋、牛肉、小菜的身影。看到他，我陡然意识到，在我无聊的视线里藏着一段不能讲出来的秘密。我一边迅速转过头，一边懊恼不已，好好吃碗面，有什么好乱看的？

可是，就一个动作，能证明什么呢？

这里面藏着一个人对一个人的垂怜呀！

如果对坐在旁边的人没有半分情分，你一定不会多想在他端鸡蛋、小菜的这一分钟里，他碗里的面是否被泡软，等一下吃的时候会不会口感不好，牛肉汤会不会因为松懈的面条变得浑浊。下意识拿起筷子，去帮对面的人搅一搅面条，这是多么容易泄露心意的一个动作或暗示。

但是，从未有过恋人约会约在牛肉面馆。

尴尬期的恋人，迫不及待地想要将最完美的自己展示在对方面前。这种展示，有吃日料时小心翼翼地试探，有吃西餐时坐得笔挺、笑意盈盈的凝视，有吃甜品时无懈可击的全套妆容，唯独没有烟火气里牛肉面馆的喧闹和热辣。

最热门的牛肉面馆永远熙熙攘攘、人声鼎沸，有着最寻常市井的兰州味道。煮面舀汤的小师傅作为一家面馆的"大脑"，大声喊着"三二、两细、一韭叶"这种外行听起来就像暗号的号令，一边眼疾手快舀着汤、牛肉粒、蒜苗、芫荽、辣椒油，同时还要听外面的人"辣子少点，萝卜多点，别放香菜"这种琐碎要求。

端到手的牛肉面碗边总有一溜流下来的辣椒油，端的人小心翼翼地伸长胳膊，唯恐距离太近弄脏衣服，端到面最好第一时间入口——前面说了，这是最佳赏味期。吃的过程中，有端着碗而没有座位的顾客，虎视眈眈盯着你碗里的半碗面，内心暗暗希望你最好一口能吃完，这样他可以迅速获得座位。还有人眼疾手快将自己的鸡蛋、小菜放在桌子上占位置。

脖子里挂着白毛巾的小师傅跑来跑去收拾桌子上的剩羹，半碗泼洒着红油的辣椒留在碗里，桌子上经常被染上一块块斑驳的红油，小师傅手里抱着一大摞脏脏的碗，边走边喊"让一让"，路过的人急忙躲避，唯恐碗边的红油会不由分说蹭在衣服上。

所以，在这样喧闹得就像是一个小型"战场"的牛肉面馆，实在不是一个什么好的约会场所。

男人总是要去排队端饭的，等到他依次或者同时端来两碗面时，总是要再买点小菜、牛肉、鸡蛋。陆续端来这些菜的时间里，面条已经软塌，但还要说那么几句话，比如"加点牛肉，多吃菜"，等这些依序做完，面已经被冷落到愤愤不平，干脆在碗底坨成一团，任怎么吃，都吃不出新鲜火辣的口感。

这种局面也总不好埋头大吃，还要顾及嘴角的辣椒油，牙齿上的香菜、辣子和额头上的汗珠子——这些在恋爱时间，可都不是加分项。

女生不喜欢在牛肉面馆约会有更多的因素——谈恋爱初期总有一个互相掩饰着沟通交流的阶段。但牛肉面馆逼仄的环境，人流如织的场面，比最热门的景区都喧哗的声音……就算以上都不介意，且不用端面端菜、吃已经泡软的面，但众所周知卸妆液都由大量油脂组成，遵循了以油化油的原理。可牛肉面红汪汪的辣椒油天生兼具卸妆油的功效，无论是西瓜红正宫红胭脂红浆果红姨妈红的口红，统统在吃上几口牛肉面之后，变成辣椒红。尤其惨烈的是，辣椒油除了会卸掉口红之外，还会卸掉嘴唇一圈儿的粉底液。也就是说吃完牛肉面后，精心修饰的唇妆恢复到原生态，连嘴唇一圈儿的粉底都无影无踪，露出模棱两可的皮肤底色；不防水的眼睫毛可能会被热气烘湿，也有可能在下眼圈留下一圈令人懊恼的黑色。这简直比网上开玩笑

"泼你一脸卸妆水"还让人无地自容。

一百多年前，张爱玲在《倾城之恋》中写，跟着白流苏一起去相范柳原的三奶奶因为范柳原看了一场电影，愤愤地揣测着他的真实用意："专为看人去的，倒去坐在黑影子里，什么也瞧不见，后来徐太太告诉我说都是那范先生的主张，他在那里掏坏呢。他要把人家搁在那里搁个两三个钟头，脸上出了油，胭脂花粉褪了色，他可以看得亲切些。"

这听起来完全是一场阴谋。

那么，一个男人甘愿吃泡软掉的牛肉面，去殷勤地买小菜、拿筷子，一个女人可以不顾被熏软的睫毛膏、满嘴的卸妆油（辣椒油），还有额角的汗，而在熙熙攘攘的牛肉面馆中吃这么一餐，恭喜你，你们的关系更近一层了。

所以，我在一个人懊恼地吃掉那一碗面时，心里剧烈地活动，我该如何缄默地消化掉这个秘密，让他们认为我毫无恶意，不过是个偶然？

事实证明，这并不是我的错觉。因为他们吃完走出去时，男同事故意绕了大半圈走到我面前，跟满嘴辣椒油的我道别。用一个尴尬来掩饰另一个尴尬，这素来是我们仓皇之中能够想到的最好办法。

不过从此以后，我跟那个男同事再没有碰过面，可能是巧合吧，我想。

羊肉泡馍里是山野的草长莺飞

十三朝古都西安，自然有雍容舒展的古都气度。

人们仔细而耐心地掰着白吉馍，将这原本筋道的死面大饼掰成指头肚大小的块儿。这在北方很难得，尤其西北。人们大口吃肉，大碗喝酒，只有古都才有这种琐碎细致的风雅要求。

《水浒传》里，鲁智深让郑屠夫将十斤猪肉"细细切做臊子"，如是者三，郑屠夫终于忍无可忍翻了脸，拿着剔骨刀朝着鲁智深就砍。这在南方人看来百思不得其解，毕竟他们购买蔬菜时还敢要求土豆切丝、鱼肉片薄，切肉臊子不过是正当要求，哪里值得拿刀就砍呢？

当时的语境一定发生在北方。只有北方人会瞬间理解这种羞辱。过冬时人们购买几百斤白菜、土豆储存，有财力的家庭会在冬天买半扇猪肉冷冻起来慢慢吃。在这种粗犷的审美下，让一个五大三粗的屠夫去细细地切臊子这件事本身，就是一种轻视与挑衅。

正因如此，羊肉泡馍"蝇头小馍"式的审美才愈发独特，更显出古都的华贵大气。九成死面与一成发面制作出的"硬饼"只适用于这个消费场景，这种"硬"在羊肉汤的浸润下会恰到好处，完全不用担忧"泡软"或"融化"在汤里。

掰馍在西安人眼里是很郑重其事的。掰馍的大小、速度和最后成品是一场大型的耐心测试，甚至在某种程度上可以视为一种试探——这个人可否合作，是否可靠，适合成为一个长久合作伙伴抑或伴侣吗？

当然，魔鬼般的细节唯有地道本地人才能觉察，至于外地游客，胡乱掰得大小不一甚至干脆不掰，直接要求店家切碎烩出来——这简直暴殄天物，令人惋惜，外地人，哎，真心不懂。

本地人发展出了只有土著才能听懂的一些暗语："水围城""单走""口汤""宽汤"，这些暗语源于人际关系紧密且各地联系不畅的时代。这些词使邻里之间平添许多熟稔，甚至依稀有一种找到同类的亲密感，但这在当前人员空前流动的时代自然有点不合时宜。

到如今，连当地的年轻人也会干脆点单："汤多点""汤少点"，诚然少了许多含蓄，但同时也令初来乍到的外地人长舒了一口气。

譬如我。

十三朝古都西安，任何食物都可以随手揪出一段深远的历史，也一定有被无数著名大人物加持过的荣光。羊肉泡馍，作为陕西最为人喜爱和最具有代表性的食物，作为游牧民族与中原民族交融的证明，必然有一个悠长到望不到边际的久远历史。

羊肉泡馍的历史最初要追溯到周礼，是西周礼馔之一，雏形是牛羊羹。

漫长的祭祀后，放凉的浓羹凝固为块状。人们发现切块后亦可食用，如今的皮冻、鱼冻、羊肉冻、牛肉冻，依旧活跃在人们的餐桌，不过牛羊羹这个名字，只在历史间可见了。

如今日本有一种叫作"羊羹"的点心，味道甜腻，配茶最为适宜。但用如此"大荤"配茶，对中国人而言，未免有些匪夷所思。原来日本的羊羹虽自中国而来，但因为最早在当地僧众之间流行，已经入乡随俗成为细腻的豆类制品，类似绿豆糕的口感。虽然成品已经与羊没有丝毫关系，但依旧保留了这个漂洋过海而来的名字。

从牛羊肉羹这种当前司空见惯的食物出现在古代规格较高的祭祀、宴会上，就可见当时的整体生活水准。古代的许多文献，譬如大家比较熟悉的《史记》中也有提及，说明当时牛羊肉羹还是一种比较"体面"和"高级"的食物，也因此才值得被书写。

漫长的时间里，因为经济发展的局限和游牧民族与汉民族之间的间隔，羊肉只作为一种稀少的美食出现。一直到北方的游牧民族与中原民族之间有了来往（极大概率是战争），才使两者开始交融、影响。政府在高原上开设了官方牧场，民间人士也纷纷效仿，开辟私家牧场，羊肉才从珍贵的食材开始走入大众餐桌。

隋朝的宫廷供膳依旧记录了羊肉羹，谢讽的《食经》曾记载"细供没忽羊羹"，当时的羊肉羹应当跟周朝区别不大，小麦虽然已经传入中国，但由于磨面技术低下，对小麦的脱粒、磨制依旧处于粗放状态，当时磨出的面粉尚无法制作精细面食，只能颇为粗糙地果腹而已。

一直到了隋唐，才逐渐有了现代牛羊肉泡馍的雏形，到宋代，随着经济的发展，这种食物才开始盛行起来。

唐朝，这个史书中如此显赫的朝代，在历史间璀璨烂漫，是中华帝国冉冉升起的青年时代。一切都是新的，一切期盼都会成真，一切梦想都得以实现，开放和包容是唐朝的关键词。

古都长安是当时最繁华的国际都市，吸引了全世界的目光。长安地处西北要冲，接近牧区，同时也是牛羊交易的大型市场。如今西安的西羊市、东羊市等古老历史街巷名称就是从当时的羊市而来，这些都为牛羊肉泡馍的形成和发展提供了必要条件。

同时，唐朝时期水磨技术开始大力发展，距离西安几百公里外的甘肃，记载了当时黄河边用水磨磨面的场景，这种技术同时还可以用于酿酒、造纸、榨油等多个产业。先进技术带动了传统技能突飞猛进的发展，人们终于可以用小麦这种食物制作一些比较精细的糕饼、面条了。

此外，唐朝的文化交融也影响了食物。据说羊肉泡馍里"馍"的来源，是大食（唐以来我国对阿拉伯帝国的称呼）士兵当年在长安驻兵时的军粮。这种食物硬而干燥，虽然适合长期储存，但口感肯定大打折扣。士兵就将这种饼泡在羊肉汤里食用，才有了现代羊肉泡馍的雏形。

自然，这有可能是悠久历史中的附会。毕竟，追溯过往，要安上一个端严的历史注解方才显得郑重。其实在西北，开水泡馍、糖水泡馍、西瓜泡馍都很常见。这里气候干燥，在没有冰箱这种科技产品之前，除了冬天，其余三个季节"吃干馍"是日常，用一些液体使之变软更适宜入口，是人们的无奈之举。

许多事情的开始，只是一个巧合，不是吗？

随着时间推移，越来越多的羊从祭祀的供桌走向了贵族的餐桌。

宋朝时期的记录充满了生活气息，两宋皇宫"御厨止用羊肉"，原则上"不登彘（猪）"，真宗时期御厨甚至每年"费羊数万口"。这样看来，羊肉是宋代宫廷食材用量上的至尊。

北宋著名诗人苏轼曾写下过"秦烹惟羊羹，陇馔有熊腊"，诗句中涉及地域正是秦陇一带，即现在的陕西和甘青宁部分区域。

历史上这些区域都有过汉民族与少数民族之间的拉锯战。

多种文明从互相隔阂到犬牙交错，最终水乳交融。漫长的岁月里，惨烈的战争与难得的和平交织在一起，构成了游牧民族与汉民族之间的漫长融合。

游牧民族擅牧牛羊。西北草场丰美，牛羊像珍珠一样撒在绿毯上。野花、野草、野果子迎着风生长，它们是地球的原住民，这样的环境基础为牛羊养殖提供了非常好的自然条件。再者，经济发展到一定程度，人们才有余力去发展畜牧业。根据历史记载，当时很多达官贵人家中都有畜牧相关产业。被驯养之后，羊群就跟猪、鸡等家畜一样，担负着为人类这种高级动物补充蛋白质和增加餐桌上的口感和花样的使命。

总之，自宋元以来，中国社会的商业得到极大发展，人们开始消费一些曾经昂贵而奢侈的食物，羊肉就是其一。

羊肉泡馍

一碗好羊肉汤万事俱备。

羊肉泡馍最主要的构成是一碗好汤和一块好馍。

切成薄片摆在羊肉泡馍上的羊肉只是一锅好汤的配角。

不过只要羊肉好，汤一定不赖。北方吃着碱草长大的羊肉，鲜香浓郁而不膻，这是这里的地缘优势。

况且，在游牧民族的语境里，宰一只羊来招待贵客方能表达心意，如今蒙古族、维吾尔族还保留着这个习惯。"杀鸡、宰羊"两个词并列，但宰一只体型明显比鸡大、价格也昂贵许多的羊，终归更为隆重和正式。

如今有些高档餐厅，审美的最高标准是白灼，鲜甜可口的鱼虾必然要采用最天然的加工手段，才能最大程度地保持原始的鲜弹。水煮羊肉的逻辑同理，只有水煮最新鲜最嫩的羊肉，才能体现出羊肉本身的鲜香。

咕嘟嘟煮出一锅好汤，大火烧之，为乳白色，是因为足够多的脂肪不停翻滚着溢出；小火烧之，为清汤，清澈透底。但见过天地的返璞归真与未见过天地的烂漫自然不同，最终这一锅夹杂着山野香气的羊肉汤就是自然对人类的馈赠。

馍登场了。

夏日里金色阳光下摇曳的小麦成为白色面粉，心灵手巧的人们研究出最适合的泡馍硬度，九分死面和一分发面，最终制作成硬而具有韧性的白饼。这种对所有食物精心对待的方式，是漫长的农耕文明赋予人们的美好品质，所有的资源都应当小心合理地利用。万物有灵，所有的物品都修修补补，成为伙伴，陪伴人们共同度过漫长人生。

这种白饼是羊肉汤的专属搭配，滚烫的汤使面饼小心翼翼地打开"硬"的伪装，逐渐软而"有劲"。面饼能拉长人们品尝汤的时间，同时更具营养。只有两者碰撞，才能金风玉露相逢，形成一种互相对抗又妥协的平衡局面。

有营养学家建议，饮用牛奶时应当搭配一些面包或馒头，这样可以使牛奶在胃里留存更久，便于胃吸收营养物质。盛行千年的羊肉泡馍，一开始就采用了最科学、最适合人类生存的准则。

近千年来，羊肉泡馍逐渐从国宴、达官贵人、小康人群的珍馐，过渡到普通人的餐桌，最后成为一种在西安非常大众、市井的食物。

每个城市都有这样的土著食物，人们是如此依恋它，就像农耕文明时代，依恋姥姥做出的手工面，那简直承载着孩子对于整个世界最初的温存和爱意。

在西安，羊肉泡馍某种程度上承载着社交功能。人们将馍掰成黄豆粒大，手指翻飞，在这个过程中天大的喜悦和悲伤都会慢慢沉静下来。世界虽大，但人的心绪只在手指尖那块随着拧动而变小的馍里。人们絮絮叨叨地说一些家长里短、细密得跟岁月一样的话。西北风沙大、粗粝，旁的时候，说这些话总显得有些不爽利，显得婆婆妈妈，但在掰馍的过程中，每个人都实际上跟最琐碎的生活过了招，没有什么时候比此刻更适合说一些软弱言语了。

这是限定的讲话时间。等到师傅将碗端走烩馍，馍在锅里翻滚起来，人总是要打断话头，去准备糖蒜，拿好筷子，等着属于自己的那一碗馍到来，再镇定自若的人都有些微期待，这恐怕是作为高级动物的人类对食物的本能。这个时候，再说什么就有点不合时宜了。倘若等羊肉泡馍都上了桌，"食不言，寝不语"，大快朵颐才是对羊肉泡馍的最高赞美。

吃羊肉泡馍有不少讲究，无论是羊肉汤围着馍的"水围城"还是不搅动的"蚕食"，都是食客们积年累月琢磨出的最好的品尝方式。馍柔韧有嚼头，这样才会在汤里久泡不坏，"蚕食"的目的也是希望在碗底的馍不要被筷子粗暴地搅碎。要是有口酒，血勇之气涌上心头，整个世界都会被踏在脚下了，喝酒之前，我是西安的，喝酒之后西安是我的。

小炒泡馍是西安泡馍界的无冕之王，只有真正的老饕才懂得它的打开方式。

将羊肉、粉丝、馍块、辣椒在小锅子里翻炒许久出锅，相比加汤的羊肉泡馍，辛辣的蒜和鲜香的羊肉、馍和粉丝在锅里炒出来的味道带着烈火舔过锅底的"镬气"，使小炒味道更集中、霸道。

还有一种"羊汤泡饼"。同样会提供白饼一枚，在甘肃叫"羊肉泡馍"，陕西叫"水盆羊肉"，里面同样有粉丝、萝卜片和一些配菜，汤头清亮而香，馍乖顺地在一边候着。

　　这是羊肉与淀粉之间千回百转的再次邂逅，也是人们驯化动物后反复试验留存下来的饮食技艺。此刻，羊肉泡馍的汤水里面，那些山野间摇曳的野韭菜、野沙葱和不知名的野花野草，山野的香气汇聚于此，成就一道人间美味。

妈妈们做过的家常饭

在西北，无论怎么走，大抵都会迎头撞上一碗面。

无论是名声在外的牛肉面，还是臊子面、拉条子、搓鱼子、炮仗面、甜饭、酸饭、扁豆面，面条都是主食。这是基于地理位置、乡间传统等多种作用诞生的，每个地方都会有自己的"情有独钟"，都有自己难以割舍的那一口饭。

没错儿，北方人心目中，只有面食才是唯一的饭。一直到长大成人走出西北才发现，米饭也是饭，馒头也是饭，甚至玉米饼都是饭。但念头回转，在孤立无援的深夜，最想念的还是妈妈亲手做的那一碗冷暖适中的汤面条。

兰州牛肉面

兰州牛肉面是唯一就算最心灵手巧的妈妈都会甘拜下风的食物。

这种诞生于清朝的面食一开始就具备了商业属性——创始人挑着担子沿街叫卖。一方面是移动的招牌，另外一方面说明了牛肉面诞生初始就是作为"商品"而不是作为"家常食物"存在的。

在长达两百年的时光里，在专业的食物制作者和机构的双双推动之下，这种食物愈发精益求精，建立了普通人难以企及的界限。

仅牛肉面里面的面条，家庭想要"复刻"的难度就十分大。首先要有蓬灰，要用很长时间去熬煮，要确定加入面粉的比例，不然会发苦。还要关注面条醒发的时间以及拉面的水平，每一个关键点的错误都会引发多米诺骨牌式的倒塌。更不要说需要熬煮很久的汤底里的香料配比，虽然每一家牛肉面馆里都有独家秘方，但那些以"三斤花椒、五斤草果"起的秘方，仅数量就令人瞠目——这是至少做两百碗面的架势，简直令人望而生畏。

所以这也是疫情防控期间，兰州人对牛肉面向往至极的原因之一，家庭版只能暂时稳住自己，但风味、色泽，连店面的十分之一都无法达到。

这也是牛肉面跟国内其他任何一种热门面条最大的区别。其他的面条大多脱胎于妈妈的味道，在餐厅里被加强和提升口味，但老底子是家常而温厚的。甚至有人称赞餐厅里的饭菜"有外婆烧菜的味道"。但是在牛肉面馆，没有人会想到妈妈的味道，除非牛肉面馆从业者的后代。

虽如此，大家还是会记忆起两岁第一次吃牛肉面的味道；第一次跟喜欢的人吃牛肉面的味道；买了房吃牛肉面的味道和失恋后至少还有一碗牛肉面可以吃的心情。这些，统称爱的味道。

无论如何，牛肉面确实在一定程度上减轻了母亲们做饭的负担。兰州的孩子们都遇到过家里停水、停电、家长有事儿，被打发拿几块钱去吃牛肉面的时光。孩子们长大到能端着锅打包牛肉面的年龄，一定会被打发去端几碗面全家吃，这是小孩子的责任，也是长大的标志。

况且，它还是那么热辣，面条那么柔韧又有嚼劲，辣椒可以按照自己的心愿去加。这是一种"大人式"的对世界的掌控，就算还没有十八岁，但是至少可以宣布，"师傅，我要八勺辣子！"

臊子面

这显然是一种西北地区偏正式场合的食物。

过年、过生日、红白事儿或者家里来了重要的客人，才能看到臊子面这种食物。臊子面里面需要肉臊子、豆腐、胡萝卜、白萝卜、鸡蛋皮、豆芽、木耳、黄花菜……仅将这些食材凑齐，就已经算是大工程了。况且还要清洗切成丁，提前和面、切面，没有两三个小时准备，不好做臊子面的原料。

所以现在流行的一个词儿——"仪式感"，用在被款款端上来的臊子面身上最恰当不过。

每个妈妈做好的臊子汤都不一样，有的汤底略辣，是放了很多胡椒的产物；有的会酸，是因为妈妈下手重了一些；有时候会有相当数量的土豆丁——其他的菜凑不够了，用最随手易得的土豆丁来充数儿。

但最考验主妇的还并不是臊子汤底。

是一手切面。

这是过去对于女性的硬性指标，从小开始学，是因为结婚后第二天，要给公婆做一碗臊子面。这个习惯是如此历久弥深，唐朝的诗人王建写过一首《新嫁娘词》：

三日入厨下，洗手作羹汤。

未谙姑食性，先遣小姑尝。

这是一碗见面礼，也是试金石：手巧手笨，是否经过了干活儿的训练，从这一碗饭里就可以看出端倪。好的切面条是细长而均匀的，道理和标准都很好懂，但实际上执行时，需要无数次练习以及跟菜刀的磨合。这一点，武侠小说最有发言权，剑客的标准是必须达到"人剑合一"，这样才能随心所欲，无往不胜。

臊子面

所以厨师做菜的时候会带着自己的刀，歌手唱歌的时候会带着自己的话筒，作家甚至会带着自己用惯的电脑。

看似平平无奇的切面里，透露出多少细节啊。

捞面的时候，也暗藏陷阱。面条最多六分满，甚至比待客时七分满的茶还要少一些，要留下充裕的空间来装汤。在蔬菜、食物匮乏的过去，一碗飘着肉丁和蔬菜丁的臊子汤，为多少人留下美妙的憧憬和期盼。装满汤之后冒尖的应该是蔬菜堆，而不是面条，如果面条冒了尖，端碗的人甚至会没来由地有点尴尬："这是让客人一碗吃饱的架势。"

没错儿，这是一种以汤为主的面食。

都说南汤北面，北方人重视面而轻视汤，其实这可能是因为北方劲道而留有原始小麦香气的面粉过于优质，而使人产生的误解。

还有黄花菜。

这是一种在陇东地区摇曳的植物，被阳光风干，再被水汽浸透，鲜嫩的黄色变成历经风霜的褐色，一段一段漂浮在臊子汤里。没有黄花菜，算不得一碗正经的臊子面，这是每个庆阳人的坚持。

拉条子

没有一个西北小孩没吃过拉条子，无论新疆、甘肃、青海、宁夏……总之这是一种极其家常、温情、敦厚、百吃不厌、最能填饱肚子的食物。

这已经是生活条件好转的标志。

臊子面里的切面还可以加一些荞麦面、绿豆粉之类的杂粮，但拉条子倘若有这些松散的杂粮，就没办法变成面剂子拉成条了。这是完全靠面粉的内部结构和外力拉扯作用的一种面食，某种程度上，每天能吃拉条子是过去对一家人生活水平的极大赞美。

前面说到牛肉面的面之细，家庭极难做到，所以每家人做的拉条子倒也不必严苛到用专业水准去要求。况且没有加蓬灰水的面粉，确实无法做到"二细"以下的任何形态，再者以往农忙时干的都是力气活儿，过于细的面条显然无法支撑得起这种热量需求。完美拉条子的标准，就是类似鸡肠粗细而不断开，一筷子就能捞到碗里的是上品。陕西甚至有一根面就装一碗的技能，这种长年累月训练出来的技巧，最终变成了一种类似标准的存在。

但对家常饭而言，尽力而为吧，每一家主妇的拉条子粗细、配菜都不同，但无论如何，每一碗也都是妈妈深沉的爱的味道。

有一道闻名世界的中国菜——西红柿炒鸡蛋。红黄相配、酸甜可口，是外国人心目中的中国代表菜式，也是中国很多人家的小孩独立掌握炒菜技能后的第一道作品。

但是在甘肃，最家常的菜是西红柿茄辣子，现在有了一个

拉条子

可以写在菜谱上的名字，叫地三鲜，其实这是西北版。东北版本里，西红柿会换成过油后的土豆块。

这种有紫色长茄子、辣椒和西红柿出场的菜简直是本地人在夏天和秋天最依赖的菜肴。况且它们又是俯首可得，只要撒下种子，就会呼啦啦地长一大片，采摘、炒菜的时候毫不心疼。

茄子会吸饱西红柿酸甜的汤汁，变成另一种口感，辣椒则提供了对口唇的刺激——还是拉条子的最佳搭配，这增加了人们热爱这种菜肴的砝码。

还有土豆条。

土豆丝是更精致的产物，甘肃传统炖到稀烂的土豆条、土豆块虽然难看，但存在的价值非常明确，这是一种为了搭配拉条子而生、便于拌饭的菜。土豆里的淀粉析到菜汤里，淀粉裹住面条后产生了一种调料、土豆、面条之间混合的复杂口感。虽然现代营养学不讲究这种吃法，但这是西北人的童年口味，哪怕变成城里人多年，也会在某个周末，吃一碗淀粉加淀粉的土豆拌拉条子。

新疆餐厅里的拌面、甘肃餐厅里的炒面和陕西面馆里的棍棍面，都是拉条子商品化之后的产物。甘肃武威的"三套车"——卤肉、茯茶、拉条子，则是直接将这种家常面端上餐馆的桌子。

面片子

陕西裤带面被叫作"大宽"，在牛肉面的故乡兰州，它甚至变成一种面条的度量衡。拉条子是类似"二细"的面条，浆水面是类似"三细"的面条，在新疆，面片子是把大宽面条揪成块儿的汤饭。

面片也是有要求的。

你看，在漫长的农耕文明中，产生了一系列对食物精细化的要求。比指甲盖略大的面片算得上满分作品，临夏的河沿面片就以小巧而得名，如果使之变成大面片，就是另一种标准。只有在中间的绝大多数标准混沌不清，无法被人真切地赞美。

大多数家常饭，就处在这个层面。

家常饭菜的第一个追求在于快速、便捷，火烧火燎的早午饭时刻，迅速填饱饥肠辘辘的肚子是主妇们的第一诉求。至于刀工、雕花、精美的摆盘，那是高于实际审美的追求，只有在百无聊赖时，人们才会兴起这种念头。

所以，大小、宽厚不一的面片被悉数丢到正在翻滚着水花的汤锅里，孩子、主妇、丈夫的手艺是如此不同，这一锅面片就是"和而不同"的最好阐述。

面片子是可以与拉条子媲美的家常食物。

这是一种可以煮万物的汤面，无论是土豆片、萝卜片还是豆腐、西红柿，都可以丢入沸腾的汤底。这一切取决于手头和地窖里蔬菜的储存，倘若到了连一片菜叶子都没有剩下的冬天，舀一碗酸菜缸里的酸菜，或者仅仅舀一碗发好的浆水，也可以成为面条伴侣，吞进人们的肚子里。

甘肃、陕西一带，浆水是人们一年四季最亲密的伙伴，无论是浆水面还是浆水拌汤，这种略带酸香气息的发酵蔬菜汁，满足了人们对味道的期许。或许是浆水的使用量足够大，在当地，人们甚至把没有调浆水的所有面食统称为甜饭。无独有偶，在新疆，人们尝咸淡的时候也会用到这个词儿："汤甜了""菜有点甜"，看吧，真正的甜是如此奢侈，甚至变成一种淡味的代称。

如果有油泼辣子，那简直可以称得上一碗过得去的汤面片了。汤底因为缺乏蔬菜而呈现出灰白色，红润的油泼辣子是点睛之笔，红色很快蔓延起来，整个汤面上都泛起红色的油花，呈现出一种富足而油润的场面。

这种场面并不多见，油脂稀少时，不会有多余的植物油用来炸辣椒作为添头。山西、陕西都有羊油辣子，这种辣子平日里凝固成一团，只有把它倒进热汤里，浓烈的动物油香气和辣气才会弥散开来。

在甘肃、内蒙古一带，热汤面片的配料是韭菜花。被腌渍的韭菜花会有一种辛辣浓烈的气息，被人们毫不留情地叫作臭韭菜，但这种浓郁的味道恰好可以作为一种佐餐小菜，挑一筷子放在碗里，于是，原本平平无奇的甜饭就有了山野中摇曳着的韭菜花儿的香气。

拌汤

人们在辛劳的工作、家务之中疲惫不堪，某一天，谁都不想做饭的时候，煮一锅拌汤吧。

大家齐声应和。

拌汤是一种大江南北都会制作的面食，无论是番茄拌汤还是食材更高级的海鲜拌汤，抑或多撒一点胡椒面的家常拌汤。不过在高级餐厅，它们被叫作"疙瘩汤"。甘肃的拌汤必须要有土豆，这是马铃薯大省的坚持，况且，无论搭配鲍鱼还是酸菜，土豆都极为温顺妥帖，这是一种美好的品质。

土豆煮到全熟后，在汤锅里撒上早就搓好的"面穗穗"，也就是"面疙瘩"，再放点醋或者浆水就可以出锅。步骤简直像把一只大象装进冰箱里那么简单，最后加上的胡椒粉或者油泼辣子是点睛之笔。

这原本是饥荒年用于果腹的食物，或者源自一次不期而遇的懒惰。但是在沿袭的过程中，它不知不觉俘虏了人们的胃，这"急就章"的食物竟然成为很多人念念不忘的美食。

西红柿当季时，红润酸甜的拌汤是孩子们的最爱。要是再打一枚鸡蛋搅成蛋花，这几乎可以称得上是一顿美味的饭了。冬天用浆水打底，做一锅热气腾腾的酸饭，这是一种叫作"乡愁"的味道。就算是没有任何佐料，仅土豆和面粉做出来的糊糊，也因为有汤有饭而妥帖细致。

万物皆可拌汤。

黄米、小米、玉米面、荞麦面均可。如果再稠一点，在陕西、甘肃陇东被叫作馓饭，在甘肃河西走廊、新疆、青海被叫作搅团，这些食物是相同原料在不同阶段的样貌和味道。

但只有拌汤跨出厨房，穿越江河湖海，遇到牛羊，遇到鱼虾，遇到那些曾经可望而不可即的食物，融合它们，变成自己。

这是身为拌汤的星河流转，亦是你我的。

敦煌驴肉黄面

大漠似乎要燃烧起来了。

太阳是明晃晃的，地面是白光光的。

行人已经流不出汗了。热气在头上覆了一层，还来不及形成汗珠滚下来，就已经被炙热的太阳晒干在脸上。不多时，脸上结了薄薄的泥壳儿。

但终归是有希望的，远处已经遥遥地能看到通关的"过所"，再走不到一个时辰，就能进入那座城了。

亦是很小的一座城。开始因为此地的人流，自发形成了一条街的规模，后来又有一些人盖了房子，城的雏形是有了。路过的人在此地修整打尖，让辛苦了一路的人和骆驼、马都休养生息几日——此地便是敦煌。

一进入敦煌，意味着此行已经跨越了最艰难的沙漠，进入了一个由政府维护的商贸交易有序的场所。人们的精神松懈下来，长途旅行带来的极度疲倦在这个城里能得到一些抚慰——大概率是安全的。货物不会在熟睡中被抢走，不会被风沙埋掉，不会有突如其来的猛兽——大漠里的森森白骨，无言地提醒着后来的人这趟旅程的凶险。所有侥幸来到此地的人，都有一种劫后余生的窃喜。

没错儿，是窃喜。

上酒，上肉，上饭。

热天，冷淘面。

店家麻利地将面条在翻滚的大锅里煮熟。额头上的汗珠子在火光下影影绰绰，白线一样的面条在热水中慢慢变软，等到捞起时已经变成一团淡黄色的面条，因为色泽，被称为黄面。

淡黄色的色泽，源于沙漠边沿的盐碱地中一种特有的植物——臭蓬蒿。这是沙漠里野生动物的食物，因为富含碱性，又被称为碱草。吃着碱草长大的羊群，有无以伦比的鲜美和清洁的口感。西北素来以羊肉知名，碱草功不可没。

在凉面中，碱草的添加是一种完全的化学反应。

第一个制作发现蓬灰的人，一定是个天才。从碱草到石块一样的蓬灰，中间步骤可以称得上"火与水之歌"，他是如何窥见这其中的奥秘，后人已经无从知晓。只是按照前人流传下来的步骤，一步一步地将枯草变成了蓬灰。

碱草需要彻底地燃烧，高温使草木灰开始流淌并逐渐凝固。这时需要迅速填埋在早早就挖好的沙坑里，并抚平表面的沙土做好标记。这一点很重要，因为你不知道夜晚的风会朝着什么方向刮。

过几天，沿着沙坑往下小心翼翼地挖下去，挖到蓬灰后轻轻一抖，上面的沙粒就会落下。于是，青褐色、蓝色、灰白色、纯黑色，像石块一样的蓬灰就炼制而成了。

每一次制作出来的蓬灰都不一样。它跟当时火的温度、户外的湿度以及制作者的手艺息息相关。蓝色是上选，灰白色次之，黑色是质量最差的一种。但在外人看来，这不过是一些石头，一些奇形怪状、某些部位有蜂窝状组织的石头。

这些石头被敲成更小的石块，放入大锅中煮很久。煮到锅里清澈透明的水变成淡黄色，变成深黄色。当坚硬的石头一掰就碎的时候，就成了。

澄清之后的蓬灰水能用来和面，做冷淘面，可以增加面的韧性，使面条又细又长。做冷让，也就是凉皮，凉皮也是淡黄色，有韧性又有弹性，不过不能放多，不然面条和凉皮吃起来又苦又涩，只能在恰当的配比下，蓬灰才能作为面粉的延展物。

小伙计手疾眼快地将面条在冷泉水中一浸，滚烫的面条瞬间被冷水激发出爽弹的质感。原本淀粉之间黏的东西被水冲开，趁机一筷子摊平到案板上，抹上熟油，每一根面条都沾上了亮晶晶的油脂。油将面条裹得油亮亮、黄灿灿的，面条放久都不会黏在一起，远远就能闻到面条和熟清油的香气。

如果油拌得少了，面条与面条之间黏黏糊糊不说，整体颜色也会比较黯淡无光。放一阵子，面条可能会断成一截截的，那么冷淘面在此刻就宣布失败。

其实，油拌面本身已经足够美味，空口吃几碗也不是不行。南方有一种食物叫作猪油拌饭，在滚烫的白米饭里埋一块雪白的猪油，至多再浇一些酱油，被以蔡澜为首的美食家誉为人间美味。这种做法跟凉面有异曲同工之妙，唯一的区别可能就在于植物油脂的口感略微不同，但其原理、食用方式都是完全一样的。

在敦煌，这叫凉面，书面用语叫作冷淘面，本地人识字的不多，读不来这么文绉绉的名字，都喊凉面。

不算什么山珍海味，但这是此地待人接物的最高饮食标准。此地的普通人家，一年到头吃着磨到半碎的"麦饭"充饥，能在重要的节日里吃一餐凉面，已经是全家人共同的至美时刻。

出土的敦煌文书记载，某寺院僧人在十月和正月分别支出四斗面，用来制作冷淘。不过这个时候，敦煌天气已经转冷，极有可能是法会的支出，可见冷淘面在敦煌的兴盛程度。

不仅仅是敦煌，唐宋以来，全国都有食用冷淘面的习惯。在更加富庶的中原，人们的制作更加精致繁复。

这个时候，小麦已经沿着丝绸之路传到了中原多年，因为水磨技术的提高，小麦逐渐成为主食之一。敦煌作为小麦东传的一站，享有得天独厚的流通红利，小麦的制作技艺也经过敦煌传至中原。

在都城长安，人们取鲜嫩的槐树叶挤出绿色的汁液，用来和面。淡绿色的面条煮熟后晶莹剔透，让人赏心悦目。唐代诗人杜甫曾赋诗《槐叶冷淘》详细地说明了制作方法：

青青高槐叶，采掇付中厨。新面来近市，汁滓宛相俱。
入鼎资过熟，加餐愁欲无。碧鲜俱照箸，香饭兼苞芦。
经齿冷于雪，劝人投此珠。愿随金騕褭，走置锦屠苏。
路远思恐泥，兴深终不渝。献芹则小小，荐藻明区区。
万里露寒殿，开冰清玉壶。君王纳凉晚，此味亦时须。

到宋代，贵族又研发出新的冷淘品种，如甘菊冷淘。如今朝鲜族的传统食物中，也有冷面这样的种类。吃的时候不仅要冰镇过，还需要加入冻得结结实实的冰块，来增加"透心凉"的口感。

回到现代。甘肃、新疆的凉面，都会用蓬灰水作为配料。兰州大学的教授为了使牛肉面馆便捷地使用蓬灰，还专门研发、分离出蓬灰中的碱性物质，制作成一种白色粉末状的拉面剂。

这种在兰州司空见惯的添加剂，在牛肉面馆往南方迁徙的时候，遭遇了文化差异带来的笑话：当地人看着拉面剂的袋子大惊失色，以为牛肉面馆添加违规佐料。而在社交媒体上，兰州人云淡风轻地告诉他们，这就是从蓬灰里析出来的精华，从小吃到大，没毛病。

不过，当时路过敦煌的客商们并不知道未来冷淘会进化成什么，他们只是想要在炎炎夏日里吃一碗凉爽的面，浇灭一路颠簸的苦。

敦煌驴肉黄面

还想要吃肉。

肉是很珍贵的，就算在畜牧业很发达的河西，吃肉也并不是很寻常的。但在大漠的那段旅行未免令人太过于心惊胆战，死里逃生的人都会有格外豁达的金钱观："再来半盘肉。"

骆驼和马匹是在沙漠里运输的主力，它们是人类的朋友、伙伴、兄弟。不到万不得已，没有人会打它们的主意。甚至为了避讳，人们在行进的路上不会食用这两样动物的肉。它们都是有灵性的动物，如果被闻到它们为之忠心耿耿的人类竟然在吃同类的肉，没有动物不感到心碎吧。

那么，来半斤驴肉吧。

况且，驴肉还有"天上龙肉，地下驴肉"的美称。一碗透心凉的冷淘面，一碟切成片或者块的驴肉，几碗本地自酿的黄酒。这是一个惬意的中午，阳光是毒辣的、焦灼的，但进入敦煌地界的客商们，在经历了长达几个月的大漠颠簸之后，由衷地感受到了生命的美好。他们还将新疆温软细腻的玉石带到了中原——他们穿越的这条路又被称为玉石之路。

关于黄面的由来，有很多种说法。此地黄面的非物质文化遗产传承人说，源头是山西晋军师长的厨子逃难来到敦煌，将山西的拉面进行了改良。但新疆遍地开花的黄面又该如何解释？维吾尔语叫"赛热克阿希"，有据可循的说法是已经流传了百年以上。新疆与敦煌的很多食物、生活方式，很难界定究竟始发于哪里，姑且将此作为一桩悬案吧。

　　不过，驴肉黄面的搭配，倒是敦煌独有的。就算到了今时今日，这种搭配方式依旧十分科学。驴肉带来了充足的蛋白质，黄面提供了身体所需的碳水化合物，如果再加一碟绿色蔬菜拌成的凉菜，就算全世界最挑剔的营养师，都没法找到任何破绽。

小食

面茶、油茶和酒泉糊锅

一

酒泉是一个存在于历史与想象间的城市。

陕西以西的很多地名，都留下了当时平定西部的印记。定西、安西、平凉、河西四郡中张国臂掖的张掖，但酒泉是不一样的。

自从霍去病将汉武帝赏赐的美酒尽数倒入泉中，与所有将士同饮之后，"酒泉"这个词儿就诞生了，这是一种浪漫而诗意的表达。漫长的历史间，总有那么些不经意间就产生的温柔倦怠，将士们经历了一场一场恶战，大捷后收到了天子送来的美酒。于是，这个暂时休憩的地方，就被顺势命名为"酒泉"。

也因为这种完全行云流水似的浪漫，它在灿若星河的古诗长廊中闪现过。"天若不爱酒，酒星不在天。地若不爱酒，地应无酒泉。""诗仙"李白的笔下仙气缥缈，为金戈铁马的历史保存了一块温柔的良乡。

但这只是人们的想象。

方圆百里，人们目之所及，除了呼啸的风，就是漫天的沙尘。王维笔下的酒泉，显然是另一个模样：

> 十里一走马，五里一扬鞭。
>
> 都护军书至，匈奴围酒泉。
>
> 关山正飞雪，烽戍断无烟。

这是遥远而冰冷的城。

飞雪漫天，但不是"千树万树梨花开"的清新烂漫，是"铁马冰河入梦来"的边关告急，都城的人忧心忡忡，担忧着千里之外的河西，那个叫作酒泉的地方。

但酒泉的人酣然入梦，在梦里，他们的愿望很简单：明天能吃顿饱饭。

在河西走廊的孩子们看来，边塞诗写的是遥远的边地，是诗人们跋山涉水一路困顿之后走到的近乎世界尽头的地方。但等稍微大一些，他们就会发现一个秘密——自己生长的地方，就是孕育出边塞诗的边疆。

这对一个小孩子的世界观的颠覆是很大的。

世界一下子从白纸黑字落到了现实，诗人写过的每个字竟然都能变成大地上的一个地标。于是，摸到成人世界边界的孩子们，陡然长大。

二

这些长大了的孩子，会在大街上掀开一个门帘儿，进入蒸汽腾腾的一个"结界"。那里是一种温暖而滚烫的家常食物——糊锅的领地，在清晨或者中午时分，来一碗泡着麻花的糊锅，在滚烫而辣的食物中获得一种心满意足的慰藉。

每个酒泉的孩子长大成人后，都成为糊锅的"野生代言人"，他们在任何场合和环境下，都会发自内心地吹捧和称赞这种面目模糊、令听者完全无法想象的食物。

"鸡汤""粉皮""面筋""泡进去麻花"，这些碎片一样的语言，无法顺利地召唤出一种相对应的食物，人们会依靠此前的经验，来做出粗略的估计：

"是臊子汤一样的食物吗？"

"不是，汤是混沌的。"

"那是面茶一样的食物吗？"

"似乎是的吧？"有点迟疑，因为面茶对酒泉的孩子们而言也比较陌生。

糊锅是如此小众，以至于在甘肃境内这个名字都显得如此生疏，像未曾谋面的亲戚，有一种客气和无从想象的静默。

"面茶、油茶？"山西人会说，这是山西太原、晋中一带的汉族食物；北京人会说，这是流传于北京、天津一带的传统食物；陕西人、河南人会说，这不就是姥爷每天早晨喝的面糊糊嘛。面茶，我们姑且将它作为一种常见的北方食物来看待吧。

面茶是一种由面粉、玉米粉、小米粉等一切可以磨碎的淀粉作为原料的食物，这是基本盘。至于芝麻油、芝麻酱、花椒、花生米、葱花等添头，丰俭由人，根据手头原料可以自行搭配。

面茶最初是为了满足孩童和老人的需求而诞生的，不需要复杂的烹饪手段，只要冲水后就可以食用。甜口咸口全看当时手边有什么调味品，加点糖就是孩子们喜欢吃的甜面糊糊，加盐就是咸面糊糊，足够在三餐之间充饥了。

后来生活条件改善，才兴起增加各种添头的做法。咸口加点葱花儿、芝麻香油，跟咸口豆腐脑的配料几乎差不多，家里如果临时来了客人，恰好不在饭点儿上，快速做一碗面茶也是能拿得出手的待客之道。

这时家里如果有酥脆的麻花，那简直可以说是天作之合。麻花上的油脂能为面茶带来更加丰富的味觉和口感，脆与汤食之间更是形成微妙的平衡。这两者结合，可以算比较体面、有干有稀的一餐饭了。

山西、北京、天津的面茶因为确实地域富庶，配料更为丰富，碾碎的芝麻粒、老北京最好一口的麻酱也是面茶的点睛之笔。它们是蛋糕坯子上的奶油花儿，是油泼面里的白蒜头，是北京、天津面茶得以风靡的灵魂配料。有古诗写道："午梦初醒热面茶，干姜麻酱总须加。"有了古诗加持的食物，总显得格外厚重有渊源，在历史严苛的审视下能够流传至今，说明了在大部分人的口感和味觉中，这是一种上佳的食物。

有南方作家回忆起小时候跟着妈妈走亲戚，给他用滚烫的油炝锅、加水、加炒熟的米粒以及配料做出的小食，这种做法和食用环境跟北方的面茶几乎一模一样。

三

一篇中学课文中曾描述过天津面茶。据说生意最好最出名的那一家有个独门诀窍，装半碗面茶，撒半把碎芝麻，再盛半碗之后再撒一层，碎芝麻的香气会持续到面茶见底，也因为这个小诀窍，这一家的面茶生意人流如织，络绎不绝。

但面茶本身依旧在烟雾缭绕之中，很难用语言形容出这种食物的样貌。虽然被叫作面茶，但和清澈的茶汤几乎完全不同，用西方食物作为参照反而显得贴切，譬如奶油南瓜茸汤这种油脂搭配淀粉的组合，汤黏稠厚重，是可以果腹的餐食，面茶亦如此。

面茶分为两个流派，是基于主料也就是淀粉的制作方法来区分的。

第一个流派是用大块雪白的牛油将面粉炒熟，里面放盐和花椒等调味品，会产生一种类似于肉类的香气的嗅觉体验。面粉也会从雪白变成淡黄色，甚至略带焦黄。因为牛油容易凝固的特性，原本松散的面粉都会跟着牛油凝固成各种块状。这种炒好的原料被叫作熟面，在西北多见。

如今西安、兰州、银川的超市里，"牛肉油茶""牛骨髓油茶"等种类繁多，有多个品牌可以选择。这种油茶属咸口，风格也随着现代人的口味进行了改良。按照规定比例冲入滚烫的水，就会变成一碗飘着瓜子仁、芝麻、碎花生的食物，香气扑鼻，是很多老年人喜欢的滋补食物。

与之相对的是素熟面，在藏区比较常见。捏糌粑的熟青稞面也用类似手法炒熟，唯一的区别就在于不放油、不放调味品，是一种单纯炒熟的熟面。在奶粉还未普及时，很多孩子就是吃着熟面和牛奶制作成的面糊糊长大的。

另一个流派则是将面粉或者杂粮粉直接入锅煮熟，煮的过程中加油脂、调味品，最终成为滚烫黏稠的面茶，煮好的口感、味道其实和前者没有很大的区别。

这两个流派一直并行，如今的天津、北京一带，有些面茶店一进门，就看到大盆里冒尖的熟面，随用随取，因为受众口味的不同，没有西北浓郁的牛油味儿，只有淡淡的油脂和淀粉烘焙后的香气。有的店里则是勾调出来的面粉或者杂粮粉现熬，不过在熬煮的时候需要仔细，以免粘锅。

酒泉糊锅，是第二个流派的产物。

四

相比制作粗放的面茶，酒泉糊锅的复杂程度就像生活被高度提纯后的戏剧化表达。原本中立的颜色变得饱和，原本单薄的剧情变得复杂而紧张，虽然内在逻辑跟面茶几乎一样，但呈现出全然不同的制作手段。

若说面茶是家常、随口可得、简便易行的快餐式食物，那糊锅显然是精选食材与优化制作步骤甚至综合口感之后的产物，是胡辣汤与面茶相融合而成的，就像此地的文化。

与所有的汤类食物类似，糊锅也是以鸡汤打底。

在盛产牛羊肉的西北，大多数食物都以牛羊肉汤为主。无论是风靡全世界的牛肉面还是更家常的羊肉面片、牛肉小饭、清汤牛羊肉，仅听名字就知道它们的配料和汤料都自哪里而来。当然，为了更广博的口味谱系，这些汤熬煮时也会加整鸡进去调味，但最主要的味道还依赖于牛羊肉本身。

对专业厨师而言，牛羊肉汤底的味道本身十分浓郁，后期制作中很有可能喧宾夺主压制其他食物的味道。再者，鸡鸭养殖也更为普遍，因此清淡的鸡汤在某些南方菜系中使用

酒泉糊锅

范围较广。

糊锅底汤用鸡汤打底不知是否出于这样的考虑，抑或是一种巧合，但无论如何，糊锅都恰好与这种理论共振，实现了全国共通的汤底选择。

糊锅中还有一味原料叫作面筋。

以前人们不太了解蛋白质这种物质时，都会说，面筋是面粉的筋骨。筋道的面洗出的面筋显得格外多，尤其是河西走廊上晒着太阳长大的麦粒儿，每一粒都鼓鼓囊囊，十分有力。

面筋洗出后上锅蒸熟，剩下的副产品是雪白的面水，在任何其他地方它们都会被蒸熟，变成面皮、凉皮。但显然在酒泉糊锅的地盘上，它还有更重要的用途——分批次慢慢倒入熬煮好的鸡汤里，使原本清澈的鸡汤达到勾芡的混沌感，一般到这个进度，一碗糊锅已经基本完成了70%的工序，显得有模有样了。就算不会做糊锅的人，在这时也能一眼看出这种食物未来的样子。

还有粉皮。

这是一种雪白而透亮的食物，在水面上浮动着的箩筐里被余熟后，被迅速切成菱形，制作手艺和广东肠粉有相似之处，甚至从审美上而言，也都薄软而雪白。尤其是粉皮，就像是酒泉不远处祁连山上冰川的冰片一样清澈透明。不同之处就在于，肠粉是包裹食物的主食，而粉皮是主食中添加的配料，起到"菜"的作用，这是南北方在食物使用上极大的不同，是北方在蔬菜短缺的情况下"主食配主食"的佐证。

粉皮和面筋一次下锅后，糊锅就做好了。如果吃过陕西的肉丸胡辣汤，理解糊锅就完全没有障碍了。除了没有丸子和蔬菜，基本上这两种食物是同宗的，都是纯北方的制作手段和审美习惯，甚至连里面撒大量胡椒粉都如出一辙。

糊锅是要搭配麻花的，这种习惯始于面茶。对成年人来说，一碗面茶或者糊锅可能无法果腹，但如果加上麻花，就可以算得上一顿还不错的饭了。

至此，可能我们能大概了解一些酒泉人对于糊锅溢于言表的骄傲之情了。这是一种完全从本地萌发，经过本地厨师再提纯创作的本土食物。外人或许闻所未闻，但对本地人来说，从最初跟家人、同学、朋友，到带着自己的孩子去吃，这是绵延至今被眷顾和爱的味道。

西北风物机密：凉面烤肉

兰州是个普通的西部城市。

有黄的河，绿的树，高的楼。

要不是街上偶尔走过来几个高鼻梁、深眼窝的美貌姑娘或腰里带刀的少年，你们看，这个城市平淡无奇。

我在这里生活了多年，我看着这里的树绿了，又黄了，最后白了。

但我并不是此地的原住民。

据说此地的原住民之间都有一些神秘的暗号。我想，因为某些缘故，我是无法抵达这种神秘了。

但事情不是没有转机。

比如说昨天晚上，我喝得大醉。

你们知道，在兰州宿醉的夜晚，只要去吃上一碗久负盛名的凉面，要上十串烤肉，人就慢慢清醒过来了，甚至有种酒不曾来过的感觉。

这是很神奇的，但在此之前，我一直都没

有亲自体验过。

所以在一个晕晕乎乎的凌晨，我和一帮醉鬼一起去兰州的街头吃一碗面。

露天的小面摊子上，灯火通明。

我要了一碗面，但是在要肉的时候，跟烤肉小哥产生了分歧。

小哥坚持说，一串烤肉里必须要有瘦有肥，我居然任性地表示，必须给我来十串纯瘦肉，不然小爷我砸了你们的摊子。

小哥走过我身边时，我听到他叹了口气。

我想他一定是在同情我这个连自己是男是女都搞不清楚的醉鬼吧。

但那一刻，我最担心的是，他会偷偷在我要的烤肉上面吐口水。

于是我摇晃着跟着他走到烤肉炉子旁边，亲自看着他烤好肉给我端过来。你们知道，女人都是很多疑的，只要她觉得有一点疑心，都会毫不犹豫地过去看个究竟。

所以小哥只好全神贯注地烤肉，甚至还专门为我串了十个瘦肉串。

看到那油滋滋的十串烤瘦肉，我伸出手就要捞到我桌上。小哥忽然按住我的手，严肃地说："大姐，我给你端过去。"

我立即被这种郑重其事的称呼给镇住了，默默跟着他往桌子边走去。

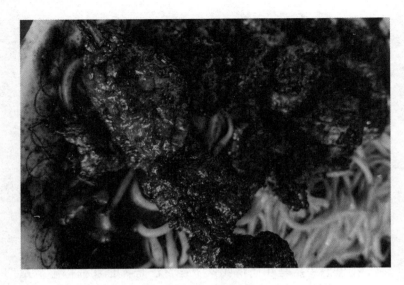

午夜的凉面烤肉

　　一坐定，看到桌子上的烤肉，我又伸手准备擦一擦扦子往嘴里啃。只有滚烫的烤肉才配被人们喜滋滋地吃进嘴巴里，这是一个约定俗成的契约，一个关于羊肉和人类的契约。

　　可是小哥明显不愿意让我跟羊肉之间履行这个古老的契约。

　　他再次神秘地按住我的手，一边指引着我的目光：到这个摊子上吃饭的人，并不是吃饭的人。

　　我瞪着羊肉流着口水的样子一定很难看。

　　因为小哥愠怒地看着我的眼神一定在指责我：难道一串羊肉对你来说就这么重要吗？

　　我嘴上不敢说了，心里想：我不就是个要来吃烤肉的醉鬼吗？你不让我吃烤肉，还说我不好，还喊我大姐，可真让人生气。

但我一点都不敢表现出生气，因为小哥刚刚剔过羊肉的刀子就在旁边呢。

我只好含糊地"唔唔"应答着，希望他能尽快讲下去。

他指着对面的穿貂小妹说："你以为她只是个穿貂小妹吗？"

我蒙眬地看到一个妹子正因为小哥长时间跟我聊天不去烤肉，已经剥好了给旁边金链大哥的蒜，涂着蔻丹红的指甲无聊地在桌子上弹着玩儿。

我心想：人家等烤肉都着急了，还不赶紧烤肉跟我扯什么？

小哥像明白了我的想法一样，冷笑了一声："你以为人家弹桌子是因为等我的烤肉吗？人家在敲摩斯密码！"

我顿时酒醒了大半。

我知道摩斯密码是什么，周迅和张涵予、黄晓明演的那个电影《风声》里面，周迅不是临死前把密码绣在衣服边上，最终张涵予拿到情报了吗？

还有那个柳云龙演的《暗算》里面，天才盲人就是靠着什么密码传送情报的。

看到我陡然一惊，小哥很满意。

他微笑着，看着我桌子上已经凉掉的烤肉，上面已经有白色的油脂因为冷掉而慢慢凝固。

小哥并不打算去给我热一热肉，他任由穿貂小妹的指甲在桌子上磕来磕去。我看到了，要是再磕下去，刚做的假指甲就要掉了。

烤肉小哥这时忽然诚恳起来，他正视我的眼睛，那么一瞬间，我以为自己被他热忱的眼睛打动了，然而并没有。

他认真地说："大姐，自从你要十串烤瘦肉之后，我就发现你不是一般人。"

我开始有点怕，甚至后悔自己为什么要任性地在一个烤肉店里点十串没有肥肉的瘦肉串。

他接着说："而且，在我再三拒绝之后，你依旧要十串烤瘦肉，你知道我是谁吗？"

我不敢接茬，只是喝着早就在寒风里被吹得凉掉的茶。

我想，我可能是掉入一个时间的缝隙里了，因为刚才我偷偷瞄了一下摊子上的其他人，跟我喝了烂酒一起来吃面的兄弟们都不在了。

他说："一个敢在烤肉店里面要十串烤瘦肉的姑娘，一定是个少见的姑娘。"

我心里顿时升起不好的预感，难道这是一家黑店？

《新龙门客栈》里面张曼玉开的黑店烤人肉、剐人骨的画面立即在我眼前晃动，这时我的酒已经全醒了。

肉也不敢吃了，我怕这些肉是兄弟们的人肉。

我战战兢兢地拿出红色的一百块钱给他。

听说红色的东西辟邪，红色的钱一定更辟邪。

他并没有收这个钱，而是微笑着看着我，向我逼近。

我一想到接下来要跟兄弟们遭受一样的命运，心里比刀搅还要痛苦。姑娘啊姑娘，就因为几口酒，你就把自己喝完蛋了！

这么一想，我的眼泪都快要流下来了。

忽然，我眼角的余光看到刚才那几个人，他们手里拿着啤酒、草莓，还有黄瓜，摇摇晃晃地从旁边的水果摊上过来。

我几乎要大叫了，原来他们几个并没有被切成烤肉给我吃，而只是又去买了啤酒和水果。

小哥一边把那张红色的钱硬塞给我，一边居然脸红起来：“姑娘，我不要你的钱。”

看到兄弟们逐渐在我身边坐下来，吆五喝六开始喧哗，我镇定多了。

我想，不要钱，你还能要了我的命不成？

这时，四周的喧哗声忽然大了起来，同时几拨人乱喊着要凉面、要烤肉，小哥眼瞅着坐不住了，他拿走了我的半把烤肉，低声说：“我去给你热一热。那些喊我的人，是在跟我对暗号。”

我大惊，为什么要把这个秘密告诉我？

这个眉毛浓黑、眼窝深陷的小哥大惊失色地看着我：“你不是我们的人？”

我？是？你们的人？

我的眼睛里一定写满了许多个大大的问号。

小哥悄悄在我耳边呓语：“十串烤肉，纯瘦的。”

油馓子、油麻花、油条

油条稀饭是中国最大众的食物。

金灿灿的油条蓬松而胖，视觉效果喜人，油脂还带来香脆而韧的口感。清晨的饥肠辘辘中，没有一个人能拒绝油条，哪怕在减肥都不能。

这种提供充足热量与油脂，但缺乏蛋白质的食物，是农耕文明饮食结构的缩影。从土地而来的面粉、糯米、油料作物，最终变成人们的口中餐，完全实现了一种小范围内的闭环。

或许，也正因为这种农业文明下的"自洽"如此娴熟，以至于宋朝起萌芽的商品经济被宏大的历史根源裹挟、压迫着，成为令人遗憾的一笔。

在中国版图的西北，人们显然需要更高的热量来对抗严寒和风。

连高海拔地区的牦牛和羊都拥有更厚更密的毛来御寒，人类抚摸着自己单薄的皮肤，发现吃饱后这种彻骨的寒冷能够得到片刻缓解。

久而久之，人们觉察到，那些大块的肉类和油炸过的食物，能够长久地使人感到温暖舒适。

但食用肉类，在人类的漫长发展史中，一度算得上奢侈。鸡和猪作为很早就被驯养的动物，是人们最常见且烹饪方式最多的肉类。不过它们需要固定的居住地，这一点不停转场寻找水源和草料的游牧民族属实难以做到。大家熟悉的《水浒传》里，梁山好汉们大口吃肉，大碗喝酒，但按当时的法律来看，这是在违法的边缘疯狂试探。宋朝法律明文禁止私自杀牛，《宋刑统》中明确规定，"诸故杀官私牛者，徒一年半""主自杀牛马者徒一年"。

聪慧的人们扒拉了土地产出后，在有限的食物里寻找到了替代品——油炸食物。

油馓子听起来是个口语化的名词。

但实际上，它是实打实的书面语，穿越历史而来。它最早见于周朝文献，被称为寒具，是周朝的祭祀品，同时它也证明了寒食节的起源，与神灵祭祀之间有密切的关系。寒具是以麦、稻、黍等原料油炸而成的冷食，之后泛指做熟后可以冷食的食物。

春秋战国时期的寒食节为了纪念、缅怀介子推，禁止烟火，全天只能食用瓜果点心，寒具也真正成为寒食节的限定食物（主要指馓子、麻花之类的面制油炸食品）。不过当时，植物油的榨取技术还远未出现，人们日常用的油脂多是动物油。如今人们因为健康等角度的考虑，对动物油避之不及，但在历史上，最早被人类使用的其实是动物油。

当时人类对于动物油的开发利用已经非常精细，不同季节会搭配不同的动物油来烹饪食物。春天会用牛油煎小羊、乳猪，这跟如今的黄油煎牛排有异曲同工之妙；夏天会用狗油煎炸野鸡和鱼干；秋天用猪油煎小牛和小鹿；冬天也安排得明明白白，羊油可以煎鲜鱼和大雁。

南北朝时期，农学家贾思勰在《齐民要术》中记载："细环饼……一名'寒具'……以蜜调水溲面……美脆。"综上所述，寒具就是加蜂蜜和面后油炸的细环饼。这种食物与现在西北流行的油果子已经颇为相似，无论是油馓子还是油果子，都具有"环"状，甚至各地还根据不同审美，制作出各种扭转自如、精巧细致的馓子。

炸油馓子时，把加好糖、面粉、蜂蜜、油的面剂子搓成筷子粗的圆条，盘绕七八圈后绷在两根长筷上下油锅，"刺啦啦"的声音响起，油脂裹着馓子从软到硬，等馓子上出现均匀而细密的油泡时，这已经是一个称得上精品的馓子了。西北的另一个油炸制品"泡儿油糕"，同样得名于表面高温产生的油泡。这是一个需要兼顾温度与品相的微妙瞬间，需要一定的技术门槛。

史料记载，五代时金陵寒具的制作技艺就相当精湛，"嚼着惊动十里人"，同样说明了此物的香脆口感。这是油脂带给全人类的礼物，如今薯条、炸鸡风靡全世界，油脂功不可没。

汉朝，植物油虽然出现在大众面前，但还不能被称为食物。宋代才逐渐有了食用植物油的记录，人类逐步解锁了更多的油炸制品。

炸好的油馓子"如金丝套环"，有苏轼的诗作为旁证："纤手搓来玉色匀，碧油煎出嫩黄深。夜来春睡知轻重，压匾佳人缠臂金。"诗人把金黄色的馓子比作佳人臂上的金镯，真是浪漫动人。

明代李时珍的《本草纲目·谷部》中十分清楚地交代说："寒具即今馓子也，以糯粉和面，入少盐，牵索纽捻成环钏之形，油煎食之。"这可见当初即有南北差异，南方多用随处可见的糯米粉炸制，北方则多用面粉制作。

馓子、麻花的古老历史确实非一般食品可媲美了。

在西北，很多人的一生都伴随着馓子、油香的味道。

从出生到满月、周岁、婚礼、葬礼上，都会伴随着六样或者八样的油炸制品。馓子、油香、麻花、花果果、猫耳朵……种类众多，人们甚至说不全所有的名字，但没关系，这种特殊的香气和味觉就像一根引线，不由自主地令人回忆起关于油炸食物的生活场景。

油炸在物资匮乏的时代，显然是非常郑重其事的一件事。

主妇提前几天就要宣布炸馓子，并且会邀请左邻右舍来帮忙——灶台上的大火一开，必须有手脚麻利的人不间断地搓好麻花。有句话说："宁可让人等锅，不能让锅等人。"搓好的麻花、油果子被一板一板地倒入大锅，油锅欢乐地冒出气泡，菜籽油或者胡麻油清凉的气息飘逸而出。多年的生活经验使人们能轻易地辨别出两者的些微区别，这是生于斯、长于斯的人们跟大地之间最紧密的联系。

除了约定俗成以及一些重要的节日外，油脂的香气飘扬起来，还标志着贵客的来临。提前炸好一锅馓子，这是一种双方都觉得满意和体面的待客方式，无论是主人还是客人，都感觉到深情厚谊与真切的欢喜。

到如今，虽然甘肃临夏街头随时都能买到油炸制品，但除非有十万火急的事情，大家都会耐心地等待新鲜炸制的油果子，这种新鲜中带着一种喜气洋洋的期待，自然洋溢起节日的气氛。

馓子等油炸食物

油馓子和麻花沿袭了最传统的口感——香脆。这是所有油炸后脱水食物的口感，但人们还是能刁钻地细分出硬脆、酥脆的区别。制作时就要掺入不同比例的牛奶、鸡蛋、油脂，最终达到最适宜家人的口味。每一家母亲炸制的手艺都来自姥姥，这使每家最终出品的油馓子和麻花，都带有鲜明的家庭气质——甜麻花来自慷慨的白糖或蜂蜜，格外酥脆的麻花来自面粉中的油脂，每个母亲的比例都源于爱。

油馓子和麻花是西北早餐里方便的主食。

无论是陕西的油茶麻花、内蒙古的奶茶馓子、四川乐山的豆腐脑馓子，还是甘肃酒泉的糊锅、河南的胡辣汤肉馅饼，油炸制品都是重要的营养来源。过夜后的馓子变得更硬，但无论在油茶还是胡辣汤里，都能迅速融为一体，成为互相成就的全新搭配。

油香是流行在甘肃、青海的一种油炸制品，其实就是小油饼。

用少量发面和死面掺和而成，炸好后口感绵密扎实，与油馓子、麻花口感迥异，如今人们还研发出油香蘸炼乳或蜂蜜这种"豪横"的吃法。淀粉与油脂、糖分的结合虽然被称为"发胖利器"，但口感确实令人欲罢不能。

油脂是富足生活的代表，这种流淌着的金色液体，使所有平庸的食物变得华贵可口，无论是主食、肉类、薯类甚至水果，都可以与油脂充分结合，变成平凡生活的奢望之一。

如今炸物随手可得，餐厅里麻团、拔丝土豆、现炸油条都是非常普通的菜肴。还有一些过去想都不敢想的"奢侈吃法"——炸鸡、炸酥肉、炸牛肉干。说得严重一些，这种吃法甚至是一种对昔日世界观的背叛，甘肃河西走廊上曾经有一句老话："福不可重受，油饼不可夹肉。"这是奉行朴素价值观的中国人很看重的一句话。

人们深知，人一生的福气和难事都是守恒的，所以要珍惜福气，要细水长流着用。反映在饮食上，油饼子既然已属奢侈，无论如何都要搭配更朴素一些的食物才能众星拱月般地展示出它的好。

虽然早在唐朝时期，新疆就有食用粽子的习惯，但地处内陆的甘肃河西走廊和新疆吐鲁番等地，端午节期间有一种小区域内的特定食物——油饼子卷糕。

这是粽叶难寻之后的替代品，为了使油饼变得柔软妥帖，前期需要用滚烫的水将面粉烫到半熟，这样制作而成的油饼更方便作为"饼"夹中间的馅儿。

柔软的油饼夹着用糯米、红枣、葡萄干、红糖蒸好的米糕，这是一种类似西安镜糕的食物，因为软糯而黏，很难直接入口，油饼完美地充当了外皮，韧性十足的油饼和糯而黏的米糕形成美妙的化学反应。可以说，这两者之间的结合超越了它们各自作为食物的口感和味觉，提供了一种全新的口感。

这是一个历史上有饥饿感的民族对炸物的珍惜和对富足生活的警惕心。

胡饼、馕和油锅盔

西北的饮食美学跟当地的风貌一样，雄浑有力。

大口吃肉，大碗喝酒，连西北的饼都比南方的大好几圈。

南方人到了新疆，最爱拍的一张图就是拿着随处可见的馕与自己的脸合影，进而惊叹："这饼比我的脸还大！"新疆人不说话，拿出直径三十到四十厘米的馕比画；甘肃人同样沉默，派出武威人应战，武威人拿出中秋节比车辖辘还大的月饼，不说话，只是笑。

在西北，饼是早餐，大饼夹菜；是午餐，羊肉泡馍，馕包肉；是晚餐，烧烤大饼。甚至可以武断地说，可能有西北人从未吃过米饭，但从未有一个西北人没有吃过饼，各式各样的饼。

馕是西北最具代表性与历史性的饼之一。

馕的种类繁多，有统计的达五十多种。最大的馕是片馕，最厚的是窝窝馕，做工最精细的是油馕，还有甜馕、肉馕等。如今，在新疆维吾尔自治区博物馆里，可以看到从吐鲁番阿斯塔那古墓群中出土的馕，那是一千多年前唐朝的馕，花纹、大小与当前人们制作的馕并无太大区别。

有研究者认为，如今新疆一带的馕，与唐宋时期的胡饼在大小、品种、原料方面都所差无几。

看吧，千年的时光像水一样流走，但馕依旧保留着唐的气息。

虽然现存最早的文物"馕"来自唐朝，但汉朝起胡饼就随着"凿通西域"而流传至中原。这种用油脂、面粉制作而成的饼成为中原上至皇帝达官贵族、下至平民乞丐的"香饽饽"，倘若当年有网络，胡饼，一定是"网红美食"。

《太平御览》中最早出现过胡饼字样；《续汉书》里也有："灵帝好胡饼"；《三辅决录》记载："赵岐避难至北海，于市中贩胡饼。"

到了魏晋南北朝，不仅北方人食胡饼，南方人也普遍吃胡饼。《晋书》记载王长文于成都市场"蹲地啮胡饼"，这说明胡饼已流传到了西南地区。《晋书》也有"羲之独坦腹东床，啮胡饼，神色自若"的记载，这表明江东地区也已经流行胡饼了。

唐朝时，胡饼已经在中原地区生根多时，并逐渐与中原饮食文化相结合，开始生发出一些更为精致的饼。

白居易在忠州（今重庆忠县）担任刺史时，发现当地胡饼从配料到形状，样样学长安，新出炉的胡饼面脆油香，便给好友万州（今重庆万州区）刺史杨归厚寄了些，还写了首诗《寄胡饼与杨万州》："寄与饥馋杨大使，尝看得似辅兴无？"让那馋嘴的杨大使尝尝，到底是辅兴坊胡饼好吃，还是他寄的胡饼好吃？

胡饼的名字来源有两个说法：一是来自胡地，便称胡饼；二是裹了胡麻，便称胡饼。胡麻生长在胡地，是一种颗粒与芝麻相似的食物，无论是完整地嵌入饼中抑或榨油，胡麻油都是处在鄙视链顶端的植物油。家常使用居多，一些贵价餐厅也会用胡麻油炝小菜，平平无奇的土豆丝被胡麻油炝过后，也有了不同寻常的异香，与其他油脂的香气全然不同。

到了中原，原本只加油脂、面粉的胡饼开始浓墨重彩。

富贵阶层很快发明了一种奢侈的吃法，其实就是巨大的羊肉馅饼，"起羊肉一斤，层布于巨胡饼，隔中以椒、豉，润以酥，入炉迫之，候肉半熟食之，呼为'古楼子'"。具体做法是羊肉馅儿用胡椒、豆豉调和好味道后，一层层夹入面饼，烤到肉半熟就可以食用了。

足足装了一斤羊肉馅儿的饼，确实"豪横"。

如今安徽亳州一带依旧保留了"古楼子"这种制作手艺，当地叫作"牛肉馍"。直径一米以内的圆形铁烙锅中，一斤面粉搭配九斤牛肉、粉丝、蒜等制作成的馅儿，仅原料就有十斤之巨。

包好的大型牛肉馍放置锅中慢火烙熟，为了防止面饼与铁锅粘连，还要随时观察以便倒入清油。这种馍烤熟后喷香扑鼻，切成块儿称斤出售。据店主介绍，制作、销售十个牛肉馍就完成一天的制作任务了。

河南壮馍亦是传承自"古楼子"，不过馅儿一般取自五花肉。

《齐民要术》里还记载了一种高档饼食"烧饼"。"面一斗，羊肉二斤，葱白一合，豉汁及盐，熬令熟，炙之，面当令起"，这种做法类似于新疆薄皮烤包子，死面折叠成方形，烤熟的包子焦黄滚烫，切成块的羊肉和洋葱互相成就，滚烫食用最为鲜美可口。好手艺人烤出来的包子外焦里嫩，吃的时候要防止包子里的羊油溅出。

看吧，如今全国各地的糖馅饼、肉馅饼、梅菜馅饼，最早的出处即在此，那么胡饼，确实称得上所有饼类的母本。

说回西北。

在西北，人们的生活绕不开这种炙烤而来的圆形面饼，无论是新疆大小、馅料各异的馕，还是陕西的羊肉泡馍、水盆羊肉，甘肃的锅盔、烧壳子，它们完全嵌入人们的日常生活，寻常到庸常。

锅盔是西北最接近馕的一种食物。

据说锅盔得名是因为像盾牌或盔甲，可以防身且能充饥，总之跟战争有千丝万缕的关联。如今风靡四川的军屯锅盔据说来自三国时期的军粮，但显然巴掌大小、加肉馅并用大量清油炸烤而成的军屯锅盔，不过是改良品。含水量少、质地紧密的西北锅盔，更多地还原了原始军粮的样貌。

就从甘肃说起。

从汉朝起。

西北报！武威、酒泉二郡告急！——这是汉。

报！吐蕃大军已逼至陇右道！——这是唐。

报！八百里急报，甘州告急！——这是明。

而甘肃给予每段历史的回应都是：来战！

锅盔就是昔日历史最豪迈有力的注脚。

锅盔

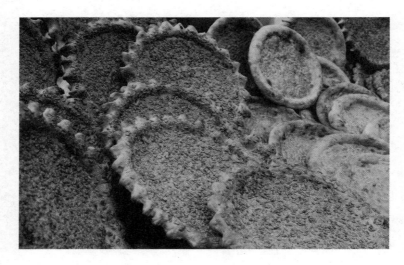

馕

新疆诗人北野形容馕是"最接近粮食本质的食物"，一句话道出了馕的本色。出了新疆，锅盔亦配得上这般形容。

河西走廊上金色阳光拂过的摇曳小麦被人们妥善收藏，发酵后揉进少许胡麻油。奢侈的话，撒一些香豆子"鞘"到面团里，擀成一个厚而圆的饼，家里烙饼的铝锅已经传了很多代，侧面和锅底被火舌舔到焦黑。火舌颇有耐心，有一下没一下地舔着锅底——这是人们有意为之，一寸多厚的锅盔就要用慢火耐心烘熟，有时候一个烛光飘摇的夜晚，只能烘熟一枚大而厚的锅盔。

这是最简单的锅盔。面是白色的，外皮焦黄而脆，只要放几天就会变得干而硬。夏天，河西走廊上的西瓜在戈壁滩的阳光下滚来滚去的时候，西瓜泡馍就是当地最具风味的夏日限定美食。

甘肃静宁在西安和兰州之间，高速公路未曾通达之前，是两地司机、旅客打尖的地方。这催生了当地的静宁烧鸡和搭配烧鸡的锅盔。在商业活动的推动下，静宁锅盔逐渐脱离军粮的身份，配置开始豪华起来。

静宁锅盔制作时会添盐、十三香和植物油，植物油会使面饼变成淡黄色，烤熟以后的静宁锅盔直径两尺左右，每一个大约五斤重。西北风物，"大"是很重要的审美标准。

由于前期揉入了大量的油脂，烤熟的静宁锅盔相比传统锅盔更加酥香而不干。除了夏天之外的其他季节，放置十天左右，口味都依旧如初。这种口味与馕中最厚的窝窝馕八九不离十。

油脂与饼之间的结合，因为比例的不同，会产生完全不同的食物。

同样的面粉、同样的植物油、同样的香豆子，甘肃、青海一带做出来的"破皮袄"，就跟锅盔大相径庭，那是介于金丝饼与绥德"油旋"之间的一种饼。

金丝饼是中国传统面点，因烤熟后轻轻抖落，就会变成细长的面条而得名。"破皮袄"从名字看就毫无贵气，一听就来自极其简陋的乡间，人们日常所见最多的就是支离破碎的"皮袄"，不然很难解释这种名字的由来。

塑形后的死面饼抹上植物油、香豆，反复擀薄，分层后烤熟。油脂使面饼之间轻松地间隔开来，原本圆圆的面饼变成一堆碎片，有些碎片距离火舌比较近，香而脆，有些碎片软而糯，是完全不同的口感。

全国各地都有烧饼。

武大郎卖的是巴掌大小的山东烧饼；安徽的蟹壳黄烧饼只有鸡蛋大小，里面还包了馅儿，十分精巧；梅菜烧饼倒是很大，薄而脆，同样夹了馅儿。

西北的烧饼就朴素了许多。在陕西，它们被称为白吉馍，夹五花肉就是著名的肉夹馍；在甘肃、青海，它们直接就叫白饼，无油，无任何添头，就是水、酵母粉和面粉制作而成。

这是最朴素的食物，近几年传统欧包在国内逐渐打开市场，常用的宣传语无外乎这几个。但是在西北，人们长久地食用着这种最司空见惯的大饼，倒不是觉得它的营养和口感有什么特殊内涵。毕竟对普通人而言，一元钱一个的大饼，是生命中流淌的能量的来源。

艺术家和教育学家都说，一张白纸上才能绘制出好作品，那么显然一个白饼可发挥的余地是很大的，可以煎、炸、夹入一切。西安被称为"馍都"：肉夹馍、腊汁肉夹馍、热馍夹辣子、咸蛋黄夹菜馍、擀面皮夹馍……有着"给我一个馍，我可以夹遍世界"的狂妄。

肉夹馍是陕西在全国乃至全球范围内知名度最高的食物，外地人首次听说肉夹馍，都觉得是病句，陕西人忙不迭地解释说，这是古汉语，其实是"肉夹于馍中"。好吧，你是本地人，你说得有理。

肉夹馍在全国范围内都没有同类食物能够争锋。无论是吃擀面皮还是凉皮还是浆水鱼鱼，它都是最好的搭配对象，再加上一瓶冰凉的冰峰，"三秦套餐"没跑了。

但西安人童年的回忆里，咸鸭蛋夹菜馍显然更家常，带着旧时光的韵味。

有一次凌晨，和几位西安的朋友酒醉而归，就像兰州人要吃烤肉凉面一样，西安那个能令醉鬼安心的食物是咸蛋黄夹菜馍。在漆黑而空荡荡的大街上拐了一个弯，突如其来的喧哗近乎神迹。人们簇拥在一个菜夹馍的摊子前，无一例外，鼓鼓囊囊的馍里面都要压进去一个金黄色的鸭蛋黄。

距离十米就是丸子胡辣汤的馆子，拿着菜夹馍的人不约而同地到馆子里要一碗汤来喝。这是河南胡辣汤到陕西之后的变种，本地人就喜欢喝这种加了莲花菜、肉丸子的浓汤。

鸭蛋黄使菜夹馍浓墨重彩，丸子胡辣汤又有一种家常的温存惬意。大家说起童年，巷子口的丸子汤、顽皮的孩童和老去的时光。

这是夹馍的另一面。

像夕阳一样温和地照拂心间。

辣子蒜羊血、粉汤羊血面

在西安，虽然羊肉泡馍、葫芦头泡馍盛名在外，但被称为"黑暗料理"的羊血粉汤，恐怕才是鉴定是不是正宗西北胃的一种食物。

羊血是黑色的，切成面条一样的细丝——这是一个很考究的细节，羊血软而碎，很难如此规矩整齐地出现，就算食物精致讲究的南京鸭血粉丝汤也不会如此一丝不苟。

羊血粉汤里大半碗都是羊血，豆腐、粉丝或者粉条只是点缀，还有一个白饼掰碎配汤。看吧，在西北，无论什么样的食物都绕不开馍。如果不想吃粉汤，可以换成饸饹面，名字也就变成羊血饸饹面了。

羊血饸饹面的接受程度略高于羊血粉汤，可能因为饸饹面本身就是陕甘家喻户晓的食物。以前西安街头的小食摊上，翻滚的汤锅上面架着饸饹面床子。有人点单后，将一块面放到凹陷处，压一下把手，面团就乖乖地顺着窟窿眼儿均匀地落下来——饸饹面成了。

如今这样的场景在街头已不多见，可能需要到饸饹面馆后堂才能看到，城里很多家庭也置办了简易的饸饹面床子，架在狭小的厨房里，方便随时压一碗饸饹面。

　　无论是粉汤还是饸饹面，点睛之笔都是油泼辣子。这是一种纯粹的西北风味，也是一方水土养一方人的真实写照。油泼辣子的香气来自油脂和调料，辣子是主角，但似乎又不是，霸道的辣度被规规矩矩辖在其中，不能越雷池半步——朝天椒的辣难免有点过了头，显不出温厚的香气。油泼辣子是一种综合、丰富、广博的调味品，没有过于尖锐的气味或者味觉给人们当头一击、涕泪俱下的体验。这也是西北食物的特点，无论是在油泼面还是牛肉面还是凉皮凉面里，人们看到红油赤酱泼洒的辣椒，心里首先一惊，但入口后，并不像南方的辣椒那样令人火烧火燎地辣，反而为食物增色不少。

　　一筷子下去，细的羊血和粉条上裹满了辣椒油，羊血的软糯和辣椒的香气裹在一起，黑白相间，这是一种永不过时的审美。不知道为何被人称为"黑暗料理"。外地人总有一些奇怪的执念，将他们未曾见过的食物形容得如此恐怖，可是对当地人来说，这不过是日常罢了。

　　贵州的牛瘪火锅，福建的土笋冻，新疆、甘肃的烤羊头，这种当地司空见惯且鲜美异常的食物，在外地人眼中，成为一种味觉和视觉上的"冒险和突破"。当地人笑而不语，只是在云南吃炸蚂蚱时，感觉到皮肤麻酥酥，似乎有许多条细细的小腿飞快爬过。

羊血自然不只有这一种做法。

善于料理各种食物的边角料并制作成佳肴，是中国人最擅长的事。

多年贫瘠的生活，饥饿带来的记忆太过于惨痛，这种共同记忆镌刻在人们的 DNA 里一代一代传承下来。"持家""勤俭"，这都是从经验中总结出来的词汇，只有勤勉、小心谨慎地将手里的铜钱合理摆布，一家人才能暂时挨过困顿。

在中国，动物的骨头、内脏都是重要的原料，各地都有相应的美味承载这种共同记忆。西北的羊杂、牛杂，中南部制作起来更为复杂更难清洗的鸡杂、鸭杂和鹅杂，都是不逊于大块肉食的美食，甚至因为稀少和制作繁杂，用猛火烧制后更为入味而被人们喜欢。

更不要说猪蹄、羊蹄、鸡脚、鸭脚这种显而易见可以作为食物的原料，当前甚至研发出各种口味，来适应庞杂的饮食需求。

动物血的做法，各地亦有记载。

湖南的血鸭，鸭子被斩成小块，快炒熟时倒入鲜鸭血，翻炒后每块鸭肉上都裹满鸭血，黑乎乎地端上桌，味道鲜美而辣，辣味来自当地辣椒，这种辛辣又爽利的口感，符合人们对湘菜的一贯认知。

还有血豆腐。

用猪血和淀粉搅匀，捏成一个个拳头大的丸子，用柴火烘烤后挂在灶头，食用时切片或者炒菜都可以，吃起来有淡淡的烟熏味。

西北同样有遵从这种逻辑的食物——羊血面。

新鲜的羊血和面粉混合，和成面团，再擀成圆饼，这在西北是最基础的擀面，也是所有主妇必须学会的技能之一。

擀好的面饼是深红色的，羊血放得少就是淡红色，切成细面条后这种羊血拥有了名字——血条子，是如今长武、宁县一带的特产。

血条子并不多见，往往是在隆冬——只有在冬天人们才会杀猪宰羊，才会有多余的羊血、猪血可以制作血条子，所以用如今时髦的宣传语来说，这是陕西、甘肃接壤处的"冬日限定美食"。

往往是一个森冷的冬日，户外。

冒着白气的臊子锅里漂浮着一层油辣子，切成丁的土豆、胡萝卜、萝卜在热滚滚酸鲜的汤里散发香气，冰冷的空气里弥漫着带着肉香的蒸汽，洒在汤面上绿色的韭菜、蒜苗勉强算得上新鲜蔬菜，这是一锅在西北常见的臊子汤，无论是青海、陕西还是新疆，人们做臊子的基础原料都差不多，味道取决于各家的技术以及家里到底有什么肉类。至于大锅大灶，这是寒冷的东北、西北因地制宜的共同选择，风雅的小杯小盏很快就会被北方的风吹到冷透，寒冷的冬天，人们格外需要热而充满油脂的食物补充热量。

陕西有十三朝古都的沉淀和积累，在食物口味谱系上涉及范围自然较广。

譬如，酸辣。

这是陕西臊子面很重要的一个口味，尤其岐山臊子面，酸辣绵长是标准，这种酸是人工酿制出的味道，跟肉汤、辣椒结合后能产生复合口感。但在新疆和甘肃，人们普遍拿捏不来酸度和辣椒之间再加上混合肉类之后的平衡度，久负盛名的兰州牛肉面和新疆拉条子，酸都不作为官方口感，只在餐厅里摆个醋壶，随食客的习惯自行拿捏。

酸香的臊子汤调味是个技术活儿，但此刻我们不说汤，继续说羊血面。

一盆白色的细条是切好的豆腐条，一盆深红色的是羊血面。面条被丢到"滚得像牡丹花水"一样的面汤锅里，一番白气升腾之后，面条被均匀地捞到若干个碗里。这种场合一般都涉及婚丧嫁娶或过年时杀猪宰羊，这也是农耕文明中最令人感到温暖的场景——来者皆是客，毕竟村子里一竿子打下去都有可能是亲戚，这是我们在"陌生人社会"的城市里不敢想象的。

半碗深红色的面条被浇上臊子汤，碗边边的白气继续升腾，人们从托盘里接过碗，将这白气和热气一起吸溜进去——烫的面条很快使人们热了起来，面颊上的寒气似乎也消减了不少，两三筷子捞完面条后，大口喝完酸香扑鼻的汤——下一碗也在煮熟的路上了。

血条子的原材料不限，有羊血就用羊血做，有猪血就用猪血，甚至宰只鸡，也会做出来鸡血面。暂时不吃的血面，可以塞到肠子里，猪小肠、羊肠灌满血和面、调料的混合物之后，煮熟，可以长期储存。做好的血肠可以炒菜，可以煮暖锅，可以做成凉菜，用处很广。

血条子和羊血粉汤里，羊血都是重要的配料。在某些时刻，它们也会作为主角出现，比如，羊血豆腐、羊血炒酸菜。

那是二十多年前，我还是一个小孩，我的姑姑也才四十多岁。

是一个冬天，很冷，西北的风是很冷的。

我们待在温暖的屋子里，坐在火炕上，烧得火热的烤箱里，黑色煤块发出噼里啪啦的声音，火苗蹿上来，又被炉盖子压下去，不甘心地舔着炉膛里面烘着的土豆，慢慢地有丝丝缕缕的土豆香气飘出来。

炕上铺着整整齐齐的蓝色格子床单，炕的四边挂着粉红色的小格子墙围，这叫"炕裙子"，是当时很时髦的一种装饰。有些人家过年时会买来彩纸糊墙，花花绿绿，显得生活非常热烈而殷实。

邻居在院子外面喊姑姑，往她怀里塞了一个脸盆就急匆匆跑回家。姑姑回到屋里掀开盖布，露出来黑乎乎一坨羊血，她热切地望着我："刚好中午加个菜，羊血，城里娃娃吃过没？"

我摇摇头，她很快起锅，倒油，葱花、蒜苗、辣子爆香，切成块的羊血刺啦滑进去，一股浓烈的香气在屋子里横冲直撞，辣椒的辛辣味窜到鼻子里，我跑下炕，掀开门帘——凉气打在我的脸上、身上，使我打了一个寒战。时隔多年，我还记得扑将过来的冷。屋子里是香的，是热的，是熟稔的家庭气息，门帘是一个结界，将所有的冷都堵在屋外。

　　羊血炒到半熟，姑姑又倒进去半盆黄绿色的酸菜，酸菜压住了气势腾腾的羊血，锅里归于平静，开始发出有规则的咕嘟咕嘟的声音。

　　黄米稠饭，羊血酸菜。

　　这是我关于羊血最美好的记忆，没有之一。

有人问，为什么西北的地名都感觉特别"骁勇"？比如说"武威""定西""平凉"。

没错儿，这些名字从历史中走来，依稀还带着金戈铁马的冷硬之气。

武威是汉朝打通西域后，汉武帝为彰显大汉帝国的"武功军威"而得名的。时至今日，武威的方言依旧是冷的、硬的，言语从人的耳边划过，粗粝得像一枚刀子。

食物亦然。

据说北京某地办事处门口有个面馆，原本叫武威面馆。后来不允许地名出现在商幌上，老板灵机一动，把前两个字儿挪动了一下，这个面馆的名字一下子"威武"霸气起来。

既然是面馆儿，总得卖一些本地的面。

一个武威面馆儿，如果没有"三套车"，毋庸置疑，那一定不正宗。你炒菜能不放盐吗？番茄鸡蛋能忘记番茄吗？还是吃饺子只准备了醋？

作为主角，"三套车"是判断一家武威面馆是否地道的唯一标准。

几乎所有的北方面都是单一体系的。油泼面、臊子面、牛肉面，一碗面里面有肉有菜有汤，顶多再来一碗面汤，就已经是"原汤化原食"的最高境界了。

肉自然也是极少的，因为兰州牛肉面火遍全国的缘故，人们开牛肉面的玩笑："老板开了十年牛肉面馆，牛只受了点皮外伤。"还有人研究牛肉面馆切肉的技术："牛肉面馆是怎么把肉切得又薄又透的？"但要深究起来，不就是为了节约成本，拉低每一碗面的客单价，让更多的人进入面馆吗？"肉蛋双加"不过是近二十年才兴起来的奢侈套餐，充足的蛋白质使这一餐更健康。

但"三套车"是自成体系、缺一不可的，任何一样缺失了都将失去"三套车"的命名资格。如果只有面和卤肉，它们被称为"卤肉拉条子"；如果只有茶和面，顶多被称为"拌面"；只有这三者聚合在一起，就像被恰如其分地镶嵌入最后一块拼图，玩家干净利落地拍拍手，说："成了。"

前面有红枣茯茶铺垫，红枣必须是在铁炉子上"焙"过的。红色的枣皮被温火炙烤，慢慢产生美拉德反应后，外皮开始挂上火舌，屋子里慢慢弥漫了一种甜而香的气息。这是跟挂在树上的青枣、晾干的红枣完全不同的风味，有一种被岁月洗礼后受到火苗冲击后的味道，老练而馥郁，就像人生。这只是一种对原料的粗制。还有茯茶。

茯茶是一种粗黑的茶，被制作成砖头的样子，又名"砖茶"，由最粗劣的茶压制而成。那些盛产茶叶的地方，在精选过"嫩芽儿""二道茶""三道茶"后，粗的叶梗弃之可惜，压成砖茶，沿着叮叮当当的"茶马古道"，送到远方去。

经过长途跋涉的砖茶很硬，硬得像分手后前女友的心，需要菜刀、匕首这种锋利的刀具才能撬起一块。心灵手巧的人会按照层层纹理撬好备用，依稀能喝出茶叶、茶梗的区别。蠢的人，我们必须相信每个朝代都有一些蠢人，他们的茶叶都被撬得乱七八糟，一片狼藉，就像被野狼咬过的羊一样毫无章法，喝到嘴里全部都是碎渣渣。

西藏、甘南这些藏区是砖茶的消费大户。人们靠着这种自远方而来的液体帮助消化，因着藏区丰富的奶资源，就诞生了奶茶。传统藏区的奶茶是咸的，糖在很长时间内毕竟是奢侈的。

甘肃陇东用茯茶熬罐罐茶，只有拳头大小的茶罐罐放在火上，滚水放茶叶，熬出来约莫一口比墨汁还要浓、比中药还要苦的茶。喝的人美滋滋地一口吞下，神清气爽地下地干活儿，孩童对此不感兴趣。他们还小，不知道未来人生要吃很多苦，不从这里吃，就会从那里吃。

张掖的临泽盛产金丝小枣，这种体积小而甜的枣，因为含糖量很高，甚至高到枣肉可以拉成丝的程度而成为贡品。武威本地也产枣，但数量不多，也不是很有名，不过身在丝绸之路这条著名的通道上，想要寻一些好的枣，确实易如反掌。

于是，原料都凑齐了。

某个冬天，一定是冬天，冬天才有火炉子，有了炉子才会烘一些食物——土豆片、馒头、甜菜根，或者无意间撒在炉子上的红枣。

当人们发现烘烤过的红枣会发出一种奇异的香甜，这种迥异于正常红枣的香气使孩子们循味而来。大人往孩子嘴巴里塞几个甜枣，旁边的茶壶被炙烤得滋滋作响。里面的茶已经被泡尽茶气，人们一时兴起，丢了几个焦枣进去，香气裹进水里，丝丝缕缕，枣的甜被水浸泡得稀薄了，像晚上的炊烟一样四散在天空里，但人们有了糖。加了糖的红枣茯茶，又甜又热又香，就像热恋时的爱情那样美妙，这是招待贵客的好茶，自己喝，会选一些碎末末泡来哄自己。

这是农耕文明时代家族之间、与他人之间关系最重要的隐喻。长久地稳定，长久地固定在某处，人们只会因生老病死而经历"离散"。也因为漫长岁月的相处，人们会格外看重他人的评价，省吃俭用节省下来的食物、钱财都会用在"体面"上，这是双刃剑。

工业文明体系改变了这一切，亦是双刃剑。

等红枣茯茶的前奏奏响，拉条子卤肉开始登场。这必须是浓墨重彩、众星捧月之后款款登台的"角儿"，万众期待下，掀开戏台的帘子，露出颠倒众生的……张飞。

没错儿，西北的食物，骨子里就是粗粝的。拉条子筷子粗细，臊子胡乱泼洒在面条上，肉块儿也大小不一，并没有什么统一的标准。但当地人并不认为这是个缺点，从面汤锅里捞出来的面条，本来就该横七竖八躺在碗里。如果像苏州的虾子面那样整齐得像美人的头发，反而令人浑身不自在，究竟要什么样的礼仪，才配得上这样一丝不苟的面条。

只有在西北的风沙中、在西北的戈壁上、在西北的荒野中走过的人，才知道这一碗面的分量和硬铮，才能格外地体会到硬得像柴火棍一样的面带来的长久饱腹感。

西安有一种面叫棍棍面，就是因为拉好的面像棍子一样粗壮、有劲儿。在骡马市走红多年的柳巷面也是这个风格，虽然嫌菜有点少，但人还是络绎不绝地进了店门，看吧，语言可能骗人，但脚步不会。

显然，"三套车"里面的面同理。柔若无骨在面条界不是什么好词儿，说明面粉质量差，不筋道，就连牛肉面这种细面，好的面粉也能呈现出筋道、弹牙的口感。

在北方人尤其是西北人看来，有嚼劲，有面条本身的香气，这才是好面的最高标准。至于配菜配汤，不过是锦上添花，很难像南方的汤料那样扭转乾坤。

隔壁张掖市有一种炮仗面，拉好的面条煮熟后切成鞭炮长短，跟新疆的丁丁炒面异曲同工。看来，在丝绸之路上，所有的一切都似乎有来路，所有的一切都在暗中埋下伏笔。

毕竟，小麦顺着丝绸之路传入中国时，河西走廊是较早接受这种植物的区域。再者，此地丰沛的水源和绿洲，也成为小麦进入中国后量产的第一站。

在祁连山下的绿洲中，金色的麦浪滚滚，阳光毫不吝啬地照在即将成熟的麦穗上。在充足的风雨和日晒之下，河西走廊的小麦灌浆、成熟，从麦穗变成小麦，从小麦变成面粉，从面粉变成面条。

风雨是必经的，没有经过日晒雨打的植物孱弱无力。灌浆的关键时刻没有力气吸取足够的水分，可能生产出的就是一粒粒瘪籽儿，人们弃之不要，给麻雀吃。人要吃饱满有劲儿、从大地吸取了生命力而强壮的食物果实。

"三套车"的面必须是好的。从一开始决定要做拉条子，就说明这是被精选过的面，只有最好的面才能变成拉条子，不够筋道的次等面才会擀成大圆饼，变成切面，变成碎面条。

说回"三套车"。

最好的面，加西红柿、辣椒做的卤子。各家的卤子都不太一样，根据当季的蔬菜瓜果而定，夏秋是西红柿、辣椒的盛产季，主角儿是色泽鲜艳的它们。等到了冬天，切一些土豆丁，放点酸菜、酱油、醋也算是卤子的一种吧。

前面说了，西北的面条，菜或者卤子都是配角，有着严格的秩序要求。不能喧宾夺主，不能过于多和张扬，就像古装电影拍摄时，如果出现一个高挑美貌的群众演员，副导演会走过去要求她背过身子，总之要不遗余力地体现主角的美。

还有肉。

是猪肉，卤出来的。

猪肉是很常见的，人们舍不得吃劳苦功高的牛，懒得养需要专人放牧的羊，这意味着需要更多的人力支出。但是在中国的农村里，大多数人家顺便养只猪、养几只鸡并不费力。到年底不仅可以换点钱，最重要的是能给一家老小提供一些肉类摄入。这是很要紧的，人们并不懂身体需要蛋白质这个知识点，但是肉好吃显然是一种共识。

日常人们将肉切碎、切小，炒菜时挖一勺就算"见荤"。大块儿、卤好的猪肉是一种奢侈的吃法，这已经抵达了"大口吃肉"的界限，中国词儿里，紧跟其后的就是"大口喝酒"了，这是一种对肥美生活的最高想象。

卤肉必须是肉类已经比较充足后的一种选择。那些贫瘠的岁月已经远去，相对宽裕的生活正在来临，在人类切身所需的物品中，唯有食物能如此鲜明地体现这种变化。

能买得起五斤猪肉或二十斤猪肉，显然是量变促成了质变，主妇的手里一下子宽裕起来。留好炒菜和饺子馅儿的肉，基本盘已经完善，再炸一些丸子哄孩子们。还是有剩余，那么就卤一锅肉，全家老小美美地吃一顿。

这是一种盛宴，并非日常。

如果日常略微有那么一点钱，想解馋，凉州城里的"三套车"来一套，有茶，有面，有肉，这已经算很有规模的一顿饭了。

至此，"三套车"就像一辆车的三匹马，已经凑齐，这种从日常生活中脱胎而来的食物，带着高于日常生活的审美和意趣，开始在武威流行了起来。

红枣茯茶介于深红和橙红之间，像太阳升起之前的颜色，按照色谱的说法，这是确凿无疑的暖色调，令人感到温暖闲适。这一杯荡漾在水杯里的滚烫甜茶带来人心理上的满足，自然远远高于色谱冰冷的表达。

这是富足生活的象征。在西北风呼呼吹着的冬天里，暖和地坐在热炕上喝茶，这是一种无论在哪个时代，都令人感觉舒适的画面。

吃过的人总带着一丝神往，来描述这种红枣茯茶的香甜，只有在馆子里才会把糖源源不断地投入茶罐里。自家喝茶，杯子底丢一小撮白糖，要续好几次水，才能尝到微微的甜意。凡事不可过于圆满，今天喝了甜津津的茶，明天如果没有了呢？

这也是中年以上中国人匮乏感的由来。他们生于物质、文化匮乏的时代，对于物的认知高于自身，甚至能说出"惜物就是惜福"这种话。等到物品丰盈时，难免会做出与后辈们完全不同的选择。囤积，不过是过去苦难在心里的烙印。

人们啧啧羡慕我这种自小就跟着家境殷实的爷爷天天下馆子吃"三套车"的孩子："张家的那个小丫头有福气，天天跟着爷爷下馆子。"但背过我们，他们又说："小时候把福享掉了，长大怎么办？"

还好，长大后世界变得更充足、更宽裕，所有人家的孩子都可以坦然地进到武威的任何一家面馆，吃一个"三套车"。

而且，他们的福气还都在后头呢。

节令

油饼卷糕里的端午节

五彩线线，装了草药的荷包和油饼卷糕。

这是孩子们的端午。

糯米、红枣、葡萄干、蕨麻，炸油饼做油饼卷糕。

这是成年人的端午节。

在一次次对五彩花绳的期盼中，孩子们变成大人，大人逐渐老去。端午节的习俗继续传下去，衣着新鲜的孩子们胖而圆的胳膊上，赫然是最最鲜艳的花绳绳。

再深入讨论下去，自然进入到民俗学的范畴。端午节如何形成，屈原投江的典故如何在全国传播，如何经年累月地成为中华民族在初夏之际的一个信仰。但在此刻，我们只想白描，在西北，河西走廊，一代一代蔓延传承下来的端午节。

南方的春天来得早而密，北方一直到了初夏时节，才能出现一些稀薄的绿色。那是人们种的树，远处的山依旧是土黄色的，在盛夏才会有稀稀拉拉的矮草盖住土色。"草色遥看近却无"，但到底不一样了。空气和风开始变得湿润柔软，天空更加明净，人们的欢喜也比春天更多了几分——距离收获的季节更近了。

　　端午节的油饼卷糕，也成为全家人翘首期盼的一种节日限定食物。

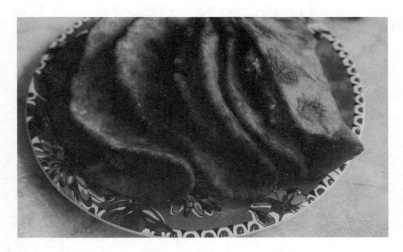

油饼卷糕

　　倒并不是原料珍贵到只有在这十天才有，而是主妇们只有端午节才会制作这种食物。在过去的很长时间里，全家人的口腹之欢跟主持家务的主妇心情是挂钩的。但逢了节气，再懒散的媳妇都必须打起精神，像参加一场没有裁判的比赛。精选原料，提前布局，务必要让食物在节日当天像花园里开的牡丹花一样圆满，满心满瓢儿，溢出来最好。

虽然新疆曾经出土过全国仅有的文物"粽子",证明粽子这种食物在全国的普及程度。但在干旱的西北,粽叶确实遥不可及,改良后粽叶被替代成了油饼,进而产生一种节气食物,这说明人们真的是在踏踏实实地生活——每一天每一个节日都不能放过,要彻底掘地三尺地过好,过旺,过得像日子一样。

河西走廊上的食物,略一深思,都能找到来路。

陕西的甑糕,因为在某电视剧中频繁亮相而被全国人民知晓。糯米里夹杂着深红色的枣泥和葡萄干,又烫又软,又甜又糯,这样的食物也确实担得起被人们如此深爱,甑糕也是油饼卷糕中的主角,不过在当地,它被叫作米糕。

葡萄干是吐鲁番的,红枣是金丝小枣,临泽的。何为金丝?剥开枣,甜度超标的枣肉能拉丝。或者是新疆的若羌枣,肉厚而甜。这都是丝绸之路上流通了千年之久的食物,方便、易得而又如此之好。

全国几乎大多数的葡萄干都来自新疆。运送着葡萄干的车辆路过的沿线城市,早早儿就可以尝到当年最鲜美的葡萄干。吐鲁番温差大,白天的阳光和夜色的风都被薄薄的皮裹进葡萄里。晾到半干就有惊人的甜度,等到成了葡萄干,甜度被结晶高度浓缩,"齁甜"这个词儿就是这种极甜食物的写照。

还有蕨麻,蕨麻是生长在青海、甘肃的高海拔藏区的一种食物。这原本是藏区很常见的食材,据说可以补血,产妇和身体虚弱的人常用来补身子。近年来才慢慢被外人熟知,它们开始被装在精致的盒子里，取了一个本地人觉得匪夷所思的名字"小人参"，堂而皇之地成为货架上的高档滋补品。

现在的青海、甘肃、四川的藏区，漫山遍野还是有许多野生蕨麻滋润地迎风摇曳。当地有一种出名的蕨麻猪，据说就是吃着蕨麻长大的。这种猪体型比家养的猪小几号，因为在山上奔跑的缘故，运动量不少，脂肪含量比较低，有大量肌肉，很是受到健康、绿色饮食者的追捧。

至于糯米，因为确实不是此地土产，制作的人委实也没有什么发言权，只要是糯米就可以了吧。

到了端午节那天，正式的工作拉开序幕。

主妇天不亮就起床，将泡好的糯米和大米装到甄这样的容器里，一层糯米，一层红枣、葡萄干、蕨麻。这样一层一层摆好后，小心翼翼地将甄下面的锅里装半锅水，利用水蒸气蒸熟甄里的米糕。这种食物之所以被称作甄糕，恐怕也跟它的制作工具有着莫大的关系。

这是最原始的做法，如今电饭锅、高压锅是如此便捷，如若不是为了本土文化发掘，恐怕再没有人选择这么费时费力的做法。

炸熟的第一个油饼要先供奉祖先，甘肃的农村大凡做点好吃的，都会通过这样的方式祭奠一下天上的祖先们。有些地方还要捏一个小面人儿，放在锅沿子上，叫"看锅猴儿"。不过丝路饮食历史研究者高启安认为，这个名字应该叫"看锅侯"，就像姜子牙封神一样，炸制东西时封一个"侯"，让他老老实实地保佑这一锅热油不要烫伤人。

这是一种朴素而有趣、万物有灵的世界观。可以说，延续和贯穿了国人传承千年的生活方式。

北方的食物搭配，在轻淀粉、重蛋白质和蔬菜的现代营养学体系中简直就是一场灾难。尤其是陕西、山西、甘肃这种淀粉大省，流行诸如"凉皮碗托是道菜""土豆馅儿饺子""油饼夹甑糕"的吃法，就血糖指数而言，令人无言以对。

但对油脂、碳水、糖的渴望，刻画在农耕文明后裔的血脉之中。只待某个合适的时机，比如端午节的油饼卷糕，比如糖油果子，就可以立即引爆这种原始冲动。

武威的米糕比甑糕更柔软，水分更充足，蒸熟后撒上红糖水或者蜂蜜，将所有原料搅拌均匀，趁热夹在炸好的油饼里。滚烫的油饼和黏糯的米糕很快融为一体，油饼是脆的，米糕是软的，脆与软形成一种与牙齿的微妙对抗，咬一大口，香甜可口。

当地人经常会用"福不可以重受，油饼不可夹肉"警醒自己，这是形容一种超出日常的奢侈生活。平常人家是不敢这么吃的，这种福气太外露、招摇，与谨小慎微的农耕文明传统不符，但油饼卷糕是略微高于生活、可以被允许的一种享受。人们在某个安全的框架之下，在夏天盛大的热气将来未来之际，与邻居们分享自己的食物，坐在村头大槐树下"共话桑麻"。

敦煌文书里的凉面、凉皮子

一入伏，温度哗哗地攀升起来。

绿豆汤、红豆汤、蔬菜汤、冷面汤，冷锅串串、冷吃兔，全国各地都有为了度过夏天而制作的季节性食物。在敦煌文书中，自然也记载了古代西北流行的夏季食物，风味自然有各自的地域性，但综观起来，还是能找出有许多共性的食物。

"冷淘""冷让"，仅仅听到名字，就能感觉到森凉入冰的温度。没错儿，这两者对应的现代食物其实就是凉面和凉皮。

"冷淘"更多指将煮熟的面条"过水"这个工序，勉强可以算得上一个动词。在当前的河西走廊，还保留着这个词的用法。洗了一遍的衣服再"淘"一下水，院子里刚摘的西红柿在水里"淘"一下再吃，锅里的热面条在凉开水里"淘"一下之后吃起来更清爽筋道。

至于"冷让"，距离敦煌不远的武威凉皮，现在还有很多人叫"让皮子"或者"酿皮子"，最初听到觉得土，后来从敦煌文书上看到这个名字后，反而觉得古意盎然。

地处西北，不能以汤取胜，其实西北也有一些数量不多的本地冷饮，比如说甜胚子、沁人心脾的浆水等。

但总之，要描绘出一幅西北夏日美食大赏地图，聚焦点还是主食、淀粉，这也是典型的西北环境下产生的食物。人依土地而生，依土地而聚，食物的馈赠自然也是从大地而来。

凉面

既然敦煌文书中都记载了"冷淘面"，况且凉面又是一种在全国都如此常见的食物，那西北的凉面靠什么取胜呢？

靠西北大自然的馈赠。靠红彤彤的油泼辣子，靠凉面上搁的十个烤羊肉串，陕甘青宁新的凉面方能脱颖而出，跟上海的鸡丝凉面、成都的红油凉面拉开距离。

凉面是最家常的食物。夏天懒得做饭，无论是机器面还是拉条子，都可以变成一根根浅黄色、油光发亮的面条，这是胡麻油或菜籽油的功劳。冷水"淘洗"过的凉面更清爽，"不淘"的话，就算拌了油也略黏腻，淀粉组织依旧会紧密地"团结"在一起。

以前没有风扇时，人们吩咐孩子拿着扇子扇凉面，扇出来的凉面也有孩子的一份功劳。后来有了电风扇，电力产生的风呼呼刮着，凉面很快就被吹得温暾，逐渐变凉，"风扇凉面"甚至一度成为某些店家的招牌。不过这只是凉面的基本盘，重头戏还在后头呢。

凉面做好后，接下来好吃与否，就看个人的手艺了。

滚烫的热油泼好辣椒、蒜泥、酱油、醋，满足了这些条件，就算得上一碗基本及格的凉面。

市面上销售的凉面，最基础的配置也是这些。

天气热，没有胃口，油泼辣子会提供红艳艳的色泽和灼烧的刺激感；油泼蒜则是有香气的，金黄色的油里浮动的蒜泥已经炸到半熟，口感被油脂驯服到温顺，虽如此，它为凉面提供的依旧是"尖锐的香气"；加之醋的出场，酸香可以劈开闷热的夏天，食物像清凉的风一样抚过人心。

相比最基础的凉面，如今的凉面已经悄然升级。

拌面汁已经从单纯的"醋汁儿"升级成有充足蔬菜参与的"番瓜、豆腐、土豆、胡萝卜、木耳"卤汁，一勺浇在手工拉好的面条上，红黄绿黑，五彩斑斓，仅从颜色上就十分丰富好看。

油泼辣子更是大张旗鼓，一勺辣子从碗这头淋到那头，有时候还会流到碗边，似国画里大写意的泼墨。人们也不以为意，在西北，吃的就是这份酣畅。

高配版是烤肉。

高温下羊肉滋滋作响，在美拉德反应下肉的颜色慢慢成为褐色，香气早已飘到很远。每个闻到香气的人，都不免觉得如果只吃一碗面，该多么寡淡寂寞啊。只有配上十串或者二十串烤肉，这餐饭才变得像个样子。再说，营养学家也说了，蛋白质是人体必需的元素。

那么，"老板，一碗凉面十串肉"。

凉皮

"凉皮里放麻酱，就不是正经凉皮。"

这是社交媒体上人们对麻酱凉皮的嫌弃。大众观念里，凉皮就要轻盈爽利，调料也只是为了提味，但如果放了又香又黏的芝麻酱、花生酱，不要说爆棚的热量了，光这略显油腻的口感，都不可思议。

从小吃着麻酱凉皮长大的西安和兰州人一脸诧异。

凉皮

"我们的凉皮好吃着呢！这世界上竟然还有不放麻酱的凉皮吗？"

"那它跟凉面有什么区别，它跟凉粉又有什么区别？"

是的，麻酱凉皮独树一帜。除了早就调好的麻酱，调料依旧是老三样，油泼辣子、蒜泥、醋。讲究的制作者还会有一些秘而不宣的"独家秘方"。

薄薄的一层麻酱、红油等各种调料均匀地裹着柔韧的凉皮，吃起来又香又滑又软——口感是冰凉舒适的。多了一点点麻酱的热量，还使凉皮的口感产生了质的飞跃。到如今，凉皮不仅仅是简餐，还是主食，甚至是一道菜。高档餐厅的凉菜中，大都会出现麻酱凉皮的身影。

陕西、甘肃、新疆大部分地方的凉皮、米皮都是水洗技艺。将淀粉跟面筋分离后分别蒸熟，柔韧的面皮儿跟松软多孔的面筋搭配食用。现在为了健康考虑，会在上面放一些切成细丝的黄瓜、胡萝卜等蔬菜。

高担凉皮甘肃独有，制作技艺也更简单。面粉跟水混合后，按照比例放蓬灰，搅匀就可以直接上笼屉蒸熟，放凉后切成条或者块儿。也就是说，无论制作技艺还是步骤门槛都大大减少了。

这种高担凉皮因为与水洗凉皮的口感完全不同，而成为许多人譬如本人的朱砂痣。

黑褐色，有韧性，有硬度，牙齿需要略微用力才能咬下一块。

高担凉皮的秘密武器是醋卤子，这是用醋作为主料，加水、淀粉和韭菜叶熬煮出来的一种拌面条、拌凉面、拌凉皮凉粉的卤汁，当地独有。制作过程不放油，口感清爽，尤其适合夏天拌一切食物。

还有芥末。

不是大家熟悉的绿色牙膏似的管状物，而是中国土长的一种黄色小圆粒，比小米略小一点。吃的时候捣碎冲水，变成芥末汁儿调味，味道非常上头，跟北京的芥末墩儿使用的应该是同一原料。

感冒了，去吃碗凉皮，加多多的芥末。

凉粉

凉皮和凉粉是如此相似，有什么可写的。

不，这是两种完全不一样的食物。

凉皮一般来源于大米、小麦中所含的淀粉，凉粉则来源于杂粮中的淀粉，两者的底层逻辑法则不同。

凉粉的历史也很悠久。

宋代孟元老《东京梦华录》称北宋时汴梁已有"细索凉粉"。制作方法：将绿豆粉泡好，搅成糊状，水烧至将开，加入白矾，并倒入已备好的绿豆糊，放凉即成。白色透明，呈水晶状。

这不就是中国大地上随处可见的凉粉吗？无论在成都、陕西、河南还是在甘肃、新疆，都可以在街头看到凉粉的身影。

唯一的区别可能就在于，大多数绿豆凉粉被切成方块或者长条，而"细索凉粉"则是用一种满是漏眼的特殊工具，沿着雪白轻颤的绿豆粉刮一圈，细细长长的凉粉就可以"一窝"抓到搅拌盆里去拌料了。这种凉粉因为细长易断，都是店主拌好，再端给食客食用。

相比凉皮、凉面，凉粉的口感更清爽，水分含量也更多。人们在调酱汁的时候也会做得更轻薄、爽口，使它跟夏天更配。

在甘肃，除了这种常规的凉粉之外，还有几种也是用淀粉制作的，但成品跟凉粉完全不同，都各自在特定区域内"圈地自萌"，外人很难一探究竟。

譬如天水的呱呱。

这是用荞麦淀粉通过浸泡、过滤、蒸熟之后呈黑褐色的物体，是天水人的早餐，价值意义就跟兰州牛肉面在兰州人心目中的重要地位一样一样儿的。

凉粉是轻盈的，呱呱是厚重的。

无论是颜色还是口感还是调料，呱呱都格外浓烈、热辣、醇厚，这是秦人发祥地的口味。

整块呱呱掰碎之后，浇上甘谷辣子、本地醋和各家都不同的调料水。呱呱讲究越碎越好，越碎越入味，所以如果看到有人津津有味地吃一碗黑乎乎、红彤彤、碎碎的食物，很有可能，她吃的是呱呱。

还有然然。

这是一种用土豆淀粉慢火翻炒制作而成的西北本土凉食。淀粉炒熟后变得透明，但这种透明又跟蒸熟的绿豆凉粉完全不同，后者是未经世事的单纯、透明和脆弱，只要外力一碰，就会变成碎块，分崩离析。然然却有在火中萃取出来的韧性，看上去虽然透明，但确实坚韧，拥有力量和弹性。

在一汪辣椒油主打的调料汁中，然然看上去温和乖顺，但筷子碰上去，人也要使一点力气，才能从一团然然中切割下来一小块儿放入口中，这是一种跟凉粉完全不同、糯而柔韧的口感，像糯米糕团与牙齿之间会产生的微妙角逐。

凉汤凉果

相比一餐饭四五道汤的福建、广东，西北能叫得上名字的汤品少得可怜。虽然全国久负盛名的牛肉面也是汤面，但其实它主打的是"就着汤吃面"。

但热浪滚滚的夏天来临之后，西北大地上，也不得不就地取材，开发出一些避暑的汤水。

首先就是浆水。

浆水是一种发酵后微酸的汤水，内在逻辑跟广西、贵州夏天略微发酵后的酸粉如出一辙。

发酵产生的菌种会使汤和粉有更清爽的口感，尤其在酷暑，酸的食物可以大大刺激味蕾。

浆水制作有两个门槛，第一个门槛是发酵。这是制作者跟食物之间的默契，毫无道理可言。有些人的浆水菜制作出来确实酸香可口，但有些人的手艺发酵出来就是烂菜叶子汤。当然，浆水也不是很稀罕的物品，菜市场随处可以买到商家发酵好的浆水，不必亲力亲为去从发酵开始。

第二个门槛是炝浆水。热油泼开花椒、辣椒丝或者韭菜花，油脂的香气和植物的香气充分混合，清寡的浆水立即生机勃勃，上面漂浮着的一朵朵油花儿，就是浆水的点睛之笔。

浆水面、浆水鱼鱼（凉粉做的漏鱼）、浆水拌汤、浆水火锅……一到夏天，人们对于浆水的需求就大大增加，甚至空口喝凉浆水，都是常见的事儿。

有些饮料店开发的甜浆水饮料，味道不置可否。但兰州、青海另一种凉汤开发出来的饮料，已经隐隐有走红全国的征兆了：

甜胚子。

青稞、燕麦发酵后就是甜胚子。空口吃甜而酸，人们一般冲入一碗凉开水，搅拌后整个汤变成乳白色，一口气喝掉酸甜的甜胚子汤，也可以继续续水，里面的青稞、燕麦粒均可食用。

这原本是陕甘宁一年四季的甜品和汤品，当它和这几年风靡全国的奶茶相撞之后，就成了酸甜又健康的甜胚子奶茶。毕竟，相对工业制作的椰果、黑珍珠，天然食物发酵的青稞粒再健康不过了，这个创新是 2012 年左右兰州一家奶茶店反复试验的结果。

甜胚子奶茶显然持续当红，无论是陕西还是青海，游客们都热衷于找一瓶里面有甜胚子的奶茶。

杏皮水也是夏天的解暑神器。

社交媒体上，有北方人询问："南方的小伙伴是真的没有吃过杏儿吗？"她竭力去形容这种酸甜软烂、最俯首可得的水果，南方的小伙伴纷纷表示："从未听闻。"

但杏皮水封存了杏儿的香气。

去年成熟后被晾干的杏皮，加水加糖煮好，这是最简单版本的杏皮水。依旧是酸甜口味。酸是很夏天的一种口感，在炎热的高温中人们需要尖锐的酸来打开胃口。

这个原理跟酸梅汤如出一辙。

但它是杏皮水，是西北大地沟沟岔岔里的杏儿熬的汤，在甘肃会宁，就有一个叫杏儿岔的地方。

本地的水果、本地的水、本地的人，据说，这叫身土不二，是食物和人之间关系的最高法则。

玫瑰月饼：一场烂漫花事了

所有姥姥的爱都是很具体的。

譬如说，记住十几个孙辈的喜好。

大姐家的老大喜欢吃甜，甜的冰糖、香蕉、月饼，都喜欢；三姐家的小女儿爱吃酸的，树上挂的杏子将黄未黄之际，要摘下来给送过去；小儿子家的二姑娘喜欢剥蒜，但不吃一丁点带蒜味的饭。

我爱甜，因为我就是大姐家的老大。

对孩童来说，甜是多么美好的事物，在我们尚没有尝清人生五味时，甜是唯一能够带来愉悦的食物。甜是奶粉的甜，是红枣的甜，是奶奶柜子里冰糖疙瘩的味道，是玫瑰月饼的甜；而苦自然是药丸的苦，是苦瓜的苦，是黄瓜头的苦。小孩们都不喜欢苦味，但人生总得吃些苦才好。虽然成年的人们都爱这么说，不过像莽撞小兽一般的孩子们，并不需要十分懂人事。因此，不吃一点苦，也只有小孩子才能够做得到，捏着鼻子灌下的药不算，因为不是主动要吞下肚子的呀。

有时候过了中秋很久，到姥姥家后，放月饼的笼屉里还是有一块方方正正、四边已经干裂的玫瑰月饼。等我一进门，小姨就托着塑料袋里装好的月饼塞给我："给你留的，我们都没舍得吃。"

这是一整个，用玫瑰花瓣加白糖做出来的月饼里面的一块。姥姥做事利落大方，月饼里毫不吝啬地裹了许多胡麻油，再大张旗鼓地撒上早就采摘晾晒好的玫瑰花瓣。一边揉一边撒，金黄的面皮上就掉落了一层细密的玫瑰花瓣。这并非结幕，还要抓着白糖层层摞摞往下撒，雪白而晶莹的糖粒在面饼上飘落，就像短暂下了一场甜蜜的雨。只有这样浓油、重甜、重玫瑰的玫瑰月饼才实至名归。

油脂使面饼之间的分层清晰，吃的时候可以轻易地揭开。玫瑰则提供了香气，玫瑰本身香气并不浓郁，甚至有一种枯涩短暂的气味，但撒了大量糖的玫瑰月饼不同，充斥着香甜丰裕的气息。一定要趁热咬一大口淡红色、滚烫而甜的玫瑰月饼，这才是被宠爱的味道。

吾乡在甘肃河西走廊的第一个城，武威城。

武威城的月饼在全国都独树一帜。八月十五的月饼，就是人们在人间做出来的大月亮，所以格外圆，格外大，比车轱辘还要大。

中秋节献月的月饼，是隆重节日里最重要的事项。对农耕文明来说，还有什么能比中秋节更重要呢？一年的辛劳都指向此刻的欢愉，人们用金色这个华贵而奢华的词来形容秋天，是因为秋天里藏着农耕民族一年到头最看重的丰收啊。

中秋夜献的月饼自然是隆重、正式的。必须要用足够多的颜色，姜黄、红曲、胡麻、香豆子、玫瑰、灯盏花……才能显得宽裕和满福。所有能够被撒进月饼的颜色，都争先恐后地在主妇们的手里跳跃着，这是丰收的月饼。就算再逼仄的人家，也会在夏天花朵绽放时采摘下灯盏花、玫瑰花的花瓣，恰好香豆子晾干——这是要做月饼的，马虎不得。到当口还要跟邻居们再换一些颜色，力求花团锦簇，颜色绚烂。

西北荒芜，只有浓墨重彩的颜色撒下去才显得热烈、喜庆，这是西北和东北的审美。大地养育了人类，人们不知道回报些什么，但又那么虔诚地一定要回报些什么。在西北，花红柳绿、五颜六色，就是大自然给予人类最珍贵的颜色。一个夏季，花儿急切地开过之后，秋风一起来，树上早早挂了果子，所以人们格外喜爱鲜艳的颜色，这也是人们最能拿出手的敞亮回馈。

做月饼是群体劳动，需要左邻右舍的帮忙。有人专门擀面饼，有人倒油，顺便撒香料，月饼一层层洒满胡麻、香豆子，面饼盖到最后，需要两个人稳稳地像盖棉被一样盖上去——直径已经快一米的面饼，一个人实在无能为力。

不仅仅是妇女们。

还需要壮劳力的参与。

没有足够的力气，怎么能将一个一米宽、鼓得像座小山的笼屉架在灶台上呢？况且笼屉并不是只架一层，有些人家人多，可能要架到七八层，甚至需要一个人专职站在灶台上，拉扯着笼屉才能挪上去。

笼屉全部就位，人们才松了口气，炉膛里的火烧得正旺——这是农村生活里最美好的时候。五谷归仓，人们心满意足地暂时松了口气，甚至还能趁着新麦丰收，多吃几顿拉条子。

蒸月饼是个大工程，至少要提前三天准备。

核桃大的酵母碾碎，和面粉混合，往发面里不停地掺面粉，等到小孩儿发现要蒸月饼时，发面已经在一人深的大水缸安静地发酵了。有足够多的面才能在蒸月饼当天得心应手，要是太少，就显得寡淡，没有人情味，甚至能到小气的程度，而体面

玫瑰月饼

又是农村里很要紧的一个词儿。

等月饼蒸熟，还需要经过一个关卡，才能保证这是一个完满的、可以在八月十五晚上端到葡萄架下、能跟天上挂的月亮一比高低的好月饼。

盖章。

一枚红色的印章。

印章的颜色已经有点深，木纹被时光染成了褐色，两头都是六个点，红色已经深入肌理，洗不干净了。

这是略大的孩子们的工作，其实之于成年人不过是举手之劳，一定要分配给孩子可能是更看重参与感。全家老少都参与的月饼，才适合被郑重其事地献给月亮和大地，这是一家人的功劳和苦劳，每个人都算数。

我就曾经是那个盖章的孩子。

为了防止笼屉上的水蒸气掉在月饼上形成难看的水坑，最重要的那几个月饼上都额外盖了一层擀得很薄的白面饼。这种面饼在笼屉揭开后被扯掉，露出淡黄色的大月饼，这种月饼叫作黄皮月饼，这样做出来的馒头叫作黄皮馍馍，是出门走亲戚的标准配置。白皮馍馍是家里随便吃的，只有黄皮的馍馍和月饼，才是隆重的、适合拿出门的、适合对外的门面。

只有黄皮月饼上面才盖章，姥姥的女儿们都是城里人，城里人说，章的色素对身体不好，所以姥姥家的月饼只在最中间盖一个章，其余的章，在我的手背上，在表妹的胳膊上，有时候还在门槛上。

正式的大月饼忙完后，就剩下非正式、自家人爱吃的小月饼了。小月饼因为规模变小，档次也不同，叫火鏊子，大的才叫月饼呢——我小时候就被纠正过很多次。其实这只是相对于大月饼的"小"，火鏊子直径也在四十厘米左右。

火鏊子做法跟月饼完全相同，但因为确实小了许多，自己人就能完工，所以口味上就私密了许多。喜欢胡麻的，可以单独做一个胡麻火鏊子；喜欢香豆子的，就做香豆子火鏊子；而我，老大家的女儿，喜欢的就是玫瑰火鏊子。

其实在中国农村，玫瑰最大的功效并不是象征爱情。它跟花椒树、苹果树一类的植物们混居在挤挤挨挨的小菜园子里。一般主妇们都不大爱它，因为无论是春天播种还是夏天去菜园子里随便摘几棵圆白菜、揪几片葱叶子，倘若忘了园子里有这么一棵玫瑰树，大刺刺走过去，一定会被扎痛的。经过玫瑰树时一定要小心翼翼地拿着圆溜溜的萝卜、味道刺鼻的韭菜绕过，回头还要跺脚骂上一句："刺玫瑰。"不过等到玫瑰花开了一树又一树时，最苛刻的主妇都会喜滋滋地拿着簸箕、剪刀跑到树下剪玫瑰花儿，邻居家的大闺女、小媳妇也都喜气洋洋地被邀请过来一起剪花儿了。

剪玫瑰花当然不是送给情郎的，对于崇尚实用主义的传统中国人来说，一切植物、动物只有为人所用，才算真正死得其所。如果只是看上两三天，什么都没留下，那还不如精心把玫瑰花绘制在鞋样上。花几天工夫绣一双鞋垫，将汹涌爱意封存其中，小伙子时常从怀里取出来端详，这才是实用主义的爱。

玫瑰被剪下来后，玫瑰树肯定要蔫头耷脑地难过几天了。好不容易开出繁花似锦的一树花儿，被这些野蛮人半天工夫不到就剪得七零八落，能不生气吗？我要是一棵玫瑰树，我也是会生气的呀。可玫瑰树到底不是我这样的小心眼，没过几天，她又喜滋滋地开了一树。

我从小跟着奶奶长大，养得嘴巴很刁。小时候叔叔订婚做了红心馒头，里面包了一团红曲、玫瑰花瓣、白糖、猪油混合而成的红馅儿。这是乡下只有订婚时才会做的红馒头，一个人一辈子只有用到一次的机会。而我，就是那个把所有馒头掰开、拿手指头抠出里面的红色馅儿吃掉的馋嘴丫头，那年我四岁，订婚的红馅儿极甜，叔叔、婶婶的一生也幸福美满，儿女双全。

后来，奶奶去世了。过八月十五时，姥姥会做一个多放清油、玫瑰、白糖的火鏊子。我从小就是一个心里有主意的孩子，我就知道里面有一块是我的，哪怕姥姥从未说过爱我。

裹在月饼里的玫瑰碎末儿，早已经没了玫红的颜色，变成一种模糊的肉粉色。但直到那一刻，才是玫瑰一生之中最隆重的时刻，它成为老少皆宜、百姓喜闻乐见的食物，在人们的舌尖上流窜着。

这也是爱，缄默的爱，就像"累不累，下碗面给你吃"一样，这是中国人爱的表达。

隆冬，在暖锅前一醉方休

董志塬是世界上黄土最厚的地方。

这句话构成了我对于甘肃陇东所有的认知和了解，一个陌生而遥远、农耕文化底蕴深厚的地方。

甘肃是中国的西部，也是视觉上的远方，这里有大漠、戈壁、森林与黄河，诞生了刀客、美女、游吟诗人和废弃的古城。与之相对，陇东庆阳的气质则是本分的，谨慎的，客气生疏又狡黠，老老实实，只想把每一天都过好。游吟诗人，在他们看来，那是二流子的活法。

甘肃陇东与陕西陇州都属陇山以北，唯一的区别在于行政区划。但它们方言、文化共宗，北魏时期，陇州曾改名为东秦州，更西面一些的甘肃，秦州的名字如今依旧在地图上熠熠生辉。

这种地域、文化无限交融的历史过往，使此地呈现出一种农耕文明务实而妥帖的生活态度。

　　农耕文明中，不知道是人驯养了植物还是植物驯养了人类，人们被周而复始的绿色俘虏在固定的区域里，无法像游牧民族一样肆意移动。甚至为了配合植物生长，黄河流域的人们还根据天相、物候等，创造性地发现了"二十四节气"这样指导人们生产生活的自然变化规律。每个节气半个月左右，这半个月又一分为三，每五天即有一个微小而明确的变化，这种跨越时代对大地和天空的观察，在千年之后还在使用。人们津津乐道以往的总结，并且小心地遵守着来自前辈的指导——"晚立秋，热死牛"，人们便多采购一两件裙子、T恤，因为节气里说了，还会热一阵子。

　　看吧，我们在城市中，虽然已经跟大地失去联系，但古老的中国智慧依旧一代一代地引导着人们的生活。

　　漫长的文明也造就了庞杂的口味。中国菜系众多，各区域都有其代表性的食物与口味。黄河上游的农耕文明区域，则有一种掩饰不了的、精巧的、物尽其用的、将一切都安排得明明白白清清爽爽的生活美学。

　　体现在比如说暖锅。

　　据说，以前最奢华的暖锅子最上面摆着半圈儿雪白的肥肉片。有人回忆说，在沸腾的炭火锅中，肥肉片滚了又滚，肥肉里面的油脂已经被蔬菜吸收，煮到最后的肉片入口就像一汪滚烫的水，直冲喉头，顺着食道滚落到胃里，于是，落袋心安。

当然，在一切油脂尤其是猪油都变成敌人的现代，这个场景听上去古老而令人难以置信。但暖锅还是最大程度地呈现了昔日关于冬天、家族和盛宴的一切想象。

　　暖锅最下层铺满了蔬菜。这是有讲究的，要把水分比较充足、能承担住长期熬煮的蔬菜放在下层。在这一点上，中国北方对白菜的这一特性达成了惊人统一的认识。作为冬日里的天选之子，白菜承担起了最为重要的任务——西北炖煮锅子里的基础，北京饺子馅儿里的打底，东北猪肉炖粉条里的水分担当——白菜在中华大地上获得了最真诚的热爱。

　　毕竟，在南方人看来，每个冬天储存几百斤大白菜的北方人，都是神一样的存在。南方人不知道，霜降后的白菜，真的

暖锅

会有绵甜的口感，这是迥异于所有南方蔬菜的肥厚爽脆，白菜墩儿就是最典型的代表。将白菜嫩心切成细丝，焯水后拌上芥末——这是中国土产的黄芥末，捣碎后放在凉皮里、拌在凉面里。霜降白菜的温厚与辛辣之气结合后，成为北京人的传统菜肴，也侧面说明了北方人对白菜的倚重。

暖锅下面铺了白菜打底后，就开始放入本地土产的萝卜和豆腐片儿了。萝卜片与白菜一起形成免粘锅的双保险，豆腐、木耳、黄花菜，形成一个非常完美的基础打底。

萝卜是此地餐桌上的霸王，秋天萝卜丰收后，被切成片儿、切成丝儿、切成条儿晒到半干，成为冬天重要的蔬菜来源。被阳光收走了水分的萝卜，在冬天的水中逐渐柔软、饱满，似乎恢复了之前的水分，但似乎又哪里不一样了。黄花菜还有个端正的官名叫忘忧草，人们被这种诗意的名字打动，甚至有几分神往的遐思。它也被歌手谱成歌曲，在大街小巷里回荡。但对务实的主妇来说，晾干的黄花菜最适合装锅子，炒到臊子汤里，撒到炸酱面里。忘忧不忘忧的，普通人的寻常日子也没有那么多伤春悲秋的忧愁。

这个过程被叫作装锅子。装锅子是有讲究的，要是将这个顺序装反了，那么还没等到咕嘟咕嘟的汤汁渗透蔬菜，锅子跟菜就已经难舍难分，但又由于装得太满而不能用勺子、筷子之类的工具去搅和。因此，严格地按照祖宗留下的顺序，就是我们避免错误的重要途径，这也是农耕文化中最重要的一条

暖锅

规则。

　　装好了蔬菜，上层的摆放就属于"门面担当"。各种肉类、丸子、排骨几分天下。猪肉、牛肉切成统一薄厚、大小，方便在暖锅子里码得层层摞摞。肉太厚，显得蠢，显得家里的女主人刀工不精，太薄又小家子气，显示不出来待客的诚意，只有薄厚适中才算好。猪肉是雪白的，牛肉是酱红色的，丸子是褐黄色的，"皇天后土"，五谷丰登。

　　那么，加汤，点火，开始煮吧。

　　这是一桌的主菜，也是陇东人心目中的硬菜。只有锅子端上来的那一刻，这桌菜才有了主心骨。凉拌好的燕麦糅糅，蒜苗辣子炒出来的血肠，还保持着青绿的野菜团子，刚刚端上来的饸饹面，才一改此前的萎靡之气瞬间有了灵魂。在咕嘟咕嘟的声响里，开瓶，烫酒，烫黄酒。

黄酒都是家里自酿，媳妇的手艺直接关乎黄酒的口感。一样的方子、用量，有些人一辈子竟然都酿不出像样的黄酒。有的人第一次上手，酒水清冽微甜。天分半分不由人。

放生姜片、红枣，还有冰糖。小火咕嘟咕嘟，是黄酒的香气。在寒冷的冬天里，香气迎面劈开生寒，整个世界都是让人微醺的酒香。锅子要煮一阵子才好，冬日里大家都不太忙，喝几口滚烫的酒，说几句家常，这是最美好的瞬间之一。这也是借由食物带来的巨大慰藉和抵达。于是，滚烫的丸子和排骨吸满了饱饱的汤汁，在灵巧的舌尖与牙齿之间，骨头褪尽，肉跟跟跄跄地跌进喉咙，香甜的黄酒像一团热火一样跟着滚下去，人们发出满足的喟叹，一种动物本能的满意。

充裕的油脂渗透到下层的蔬菜，带来全新的体验。清甜的白菜煮到糯的口感，但样子丝毫不变，粉条则变得透明 Q 弹起来。就像三毛哄荷西时说，这是春天的雨，人们收割了春天的雨之后，把它晾干就成了粉丝。本地产的粉条，比粉丝粗一些。本地人衡量粉条好坏的一个标准就是，是否能煮成透明的颜色，透明意味着没有任何添加剂介入。萝卜片则是久煮不烂的柔韧，阳光下的晾晒赋予了它新的口感。那么，在冬日里，让萝卜片就着暮光落下肚子吧。

逢到年节，家里人来人往，无论谁来谁走，只要看到炕头上那只锅子，那只在微火中冒着热气的锅子，一切惶恐似乎都消失了，一切担忧都听起来像个笑话。这温暖富足的一切，这冬日里上天的馈赠，让每个人都洋溢起奇异的笑。

锅子里的白菜是自己种的，粉条和豆腐是自己做的，猪是自家养的，羊也是。据说环县的羊肉最好吃，因为他们是一个古老游牧民族的后裔。因此，这个地方的民风和吃法格外彪悍一些，血勇一些，大块吃肉、大碗喝酒更盛行一些。当然，几千年过去了，游牧民族的血脉已经逐渐稀薄，但在此地，却依旧划分得如此严格，泾渭分明。

这说明这里长久的稳定、长久的固定——人们像被栽在田地两旁的树。呼啸的风掠过董志塬的黄土，还是几百年前的那阵风，吹过树梢的痕迹。

软儿梨、香水梨

　　下了一层薄薄的雪，窗户外面的梨被冻得硬邦邦。

　　原本娇俏漂亮的鹅黄色，被这冷气一浸，变得黝黑。人倒不是很惋惜，反而欣喜地捏了捏："再冻得扎实一些，就能吃了。"

　　这是寒冷的北方冬天的恩物。

　　东北，抑或西北，在此前信息不畅的时代，人们不约而同地用冷冻的方式，将秋日丰收的果实予以保存。滴水成冰的日子里，人们也能用这流淌着果汁的果子，给日子一些甜和水分的滋润。

　　这种专门冻起来才好吃的果子，在西北各地的叫法都略有不同：香水梨，化心梨，软儿梨，没有统一的命名。至于冻梨，这是东北冻梨在全国火了之后的名字，西北人不这么叫。

　　于右任先生路过兰州时，曾为此赋诗："冰天雪地软儿梨，瓜果城中第一奇。满树红颜人不取，清香偏待化成泥。"后来穿越河西走廊时，又赋诗一首《河西道中》："山川不老英雄逝，环绕祁连儿战场。莫道葡萄最甘美，冰天雪地软儿香。"

遥想当年，先生一定是在冬天到了西北。此地没有什么新鲜果子，当地人就将冬日里最常见的水果端上来迎客。他从京城到兰州，可能初尝了软儿梨，尚有好奇心，又走了几百公里去河西走廊，当地也无甚水果，端上来的还是这黑黝黝的冻果子，不过那时候，他兴许也已经习以为常了。但每地都以自己的为最正宗，先生只好都留下了诗句，以示公平。

小时候，我妈冬天回娘家，总会在街边的水果摊子上，细细地挑选一兜儿软儿梨。要圆形的，没有伤疤没有破口的，也不能皱皱巴巴的。天寒地冻，我双手撑着塑料袋，耐心地等她将一枚枚果子放进去，手指冻得僵硬，脸蛋冻得通红，北方的风，一到冬天就给孩子们先刮上两团难看又喜庆的红晕。这导致我整个的青春期，都有一种莫可名状的自卑，我总是怀疑，是风使我格外像一个乡下人。

不多会儿，光滑圆润、硬得像秤砣一样的黑色果子就将袋子坠得沉甸甸的。耳濡目染，连五六岁的孩子也对于软儿梨的品质和挑选有了一定的心得体会，那些皱皱巴巴的一定不好吃。这类一定是冻好又消冻，果汁早就顺着一个小小的破口流了出来，果肉空空如也，果皮包裹住干瘪而酸的梨核儿。那时虽然没有读过金圣叹的"莲子心中苦，梨儿腹内酸"。但梨子核酸得令人皱眉头这个知识点，大家似乎都是知道的。

过去的日子很慢，人们会耐心地等着这一枚冰球慢慢地融化成室温，成为一种甜津津、软绵绵的甜品。

这当然是有讲究的。软儿梨要洗干净上面的浮土，放在日常的容器中，再倒进去干净的凉水，把里面的冰和凉气"拔"出来。这是很生动的一个词儿，就像拔萝卜、拔火罐一样，人们自然地相信，凉气是可以被"拔"出来的。不多会儿，凉水变得冷冰冰，梨的寒气果然被"拔"出来了，在表面结成了一个冰壳子。这在孩子们看来，就像变魔术一样，有一种完全超出日常生活的趣味。

等到冰壳达到一定的厚度，敲开冰，就会有两个透明的半圆完整地被剥下来。里面的软儿梨已经完全"缴械投降"，变

软儿梨　香水梨

得娇滴滴、软绵绵，这时拔掉上面的果柄，将嘴巴凑在果子上深吸一口，冰凉酸甜的果汁顺着嘴巴流进喉咙，连最苛刻的人都要美滋滋地叹一口气：真甜啊。

但软儿梨并不是一开始就是软儿梨的。

这句话听起来有点拗口，但这是千真万确的。

秋天时，它们是挂在树上黄澄澄的梨，阳光照射过来，给它们的脸上打上浅浅的红晕。于是，梨们一定以为自己快熟了，就像隔壁的苹果树一样。到了采摘的季节，苹果被人采摘后，会妥帖安放，放在清凉、透气、黑暗的地窖里，这样可以保持大半年清新的口感。

但是眼看着隔壁的苹果树上光秃秃的，再隔壁的石榴树上也光秃秃的，甚至连柿子都在挂了霜后被摘下来了。

梨还没有。

或许它们面对这个局面也是很困惑的，完全不知道自己做错了什么。

再冷一点，它们被随便摘下来，胡乱放在露天的筐子里。秋霜落了又落，眼见着冬天来了，人们还是没有把它们妥帖保护的想法。最多有几个嘴馋的孩子，把黄澄澄的梨随手塞到嘴巴里，刚咬一口就吐出来："皮太厚了，没有一点水分，就跟木头渣渣一样。"

真是令人心酸的遭遇和命运啊。

一片一片的雪花落下来了。

城里的人欣喜地对着雪花拍照，发朋友圈：××××年的第一场雪。院子里的梨悲伤地闭上眼睛：看来我是被嫌弃的水果的一生。

冬天的雪一片一片落在梨身上。它感觉到自己慢慢地变硬，身上黄色的衣裳变黑了，寒气使它变得越来越僵硬——就像被冰雪覆盖住的卖火柴的小女孩一样悲惨的命运啊。

等到它又恢复意识，已经是人头攒动的城市餐厅了。

像水晶一样透明的高脚杯里，端端正正地摆着一枚几乎辨认不出来的梨。人们惊喜地看着这冬日里冰冰凉的馈赠，软儿梨，软儿梨！轻轻剥去外皮，银色的汤勺里甜蜜的汁水在热气中分外清新、冰冷。这是迥异于工业文明生产的雪糕、冰激凌的口感，软儿梨充沛的糖分使人们嘴巴上黏糊糊的。配着大口吃的烤肉、火锅，软儿梨，作为冬天最令人惊喜的食物，获得了人们真挚的爱和珍惜。

那些秋天寒冷的遭遇好像已经过去，软儿梨闭上眼睛，心满意足地想起那些在地窖深处的苹果：兄弟，不是每一种水果都能在玻璃盏中度过这一生的高光时刻。

食趣

土豆的乙种吃法

一

在甘肃，如果一个人声称自己不爱吃土豆，大家都会用狐疑的目光无声地盯着他。倒也不是谴责，是一种内心秩序的打破，是一种"土豆这么好，竟然不是被所有人深爱"的疑惑，当然，这俨然已经进入到一个哲学命题中了。

都说甘肃像一柄玉如意，如意的两端是陇南和敦煌，他们分别与四川和新疆接壤。无论是地貌还是风物都截然不同，但这一千多公里的距离并不能阻挡大家对土豆共同的无限爱意。

更不要说中间的陇中地区是历史上甘肃农耕文明最为发达之地。高产的土豆，在饥荒年月是金疙瘩，不知道救了多少人的命。

不仅如此。

土豆淀粉制作出精加工的粉条、粉皮、粉

丝，除了能为寻常生活增添菜色之外，还开拓出诸如流汁宽粉、酸辣粉的网红吃法。热门旅游地与热门食物的结合，给了旅行者一个留下来的理由。

二

在其他地域，人们很难理解北方人对于土豆的热爱和依赖。

北方冬季寒冷，秋天收获的土豆、白菜、大葱要藏在地窖里，这是整个冬天所有蔬菜的来源。如果从现代营养学的角度，说土豆实际上是一种跟大米、面条并列的主食，我想绝大部分主妇都会觉得无所适从。

毕竟，细细长长的土豆丝、薄而透明的土豆片，看起来就是蔬菜的一种呢。如果再加一些韭菜之类的绿叶菜，白绿相间，十分好看好吃。

在物流不发达的过去，甘肃的冬春时节，一日三餐，要想绕过土豆，是一个需要挠头的问题："那到底能吃啥？"

早起土豆丝饼，中午羊肉土豆馅儿饺子包子，晚上流汁宽粉或者搅团。你看，这一天到晚都安排得明明白白。

如果晚上想要吃夜宵，则是烤土豆或者炸土豆片——后者是甘肃孩子们从小吃到大的薯片。跟市面上那些已经看不出土豆的本来面貌、被机器压制成波浪纹的高档薯片相比，这种土豆擦片油炸而成的薯片更廉价、生猛、热辣、易得，五块钱就能买篮球那么大一塑料袋。油炸后卷曲的土豆薄片上裹着红艳艳的辣椒，入口又脆又辣又香，这是小本生意，一般都在背街的小巷子里卖，外地人很难觅得。

以土豆为原料的食物，分为三个派系——原貌系、粗加工系、精加工系（已经跟土豆的形状、质地看起来没有关系）。

原貌系是烤土豆、土豆块、土豆片、土豆丝等一切可以看出土豆本身的食物。这种是适应场景最多、最广阔、最俯首即得的食用类别。

那就来，上桌，吃土豆！

在广袤甘肃的任何一个地方，可能吃不到鲍鱼，吃不到新鲜生猛的龙虾，但想要吃一颗烤土豆，那还是易如反掌。

尤其在定西。

定西土豆是甘肃食物鄙视链顶峰的王者，若干年前以炸薯条闻名的某快餐品牌还属于儿童的"奢侈品"时，定西的土豆就通过了它在全国范围内的挑选，被认定为原料合作产区。于是源源不断的定西土豆变成一根根炸薯条，被吞进了中国人的肚子里。这种被认定的骄傲感一直延续到现在，于是定西的土豆继续稳定、骄傲地输送到人们的嘴巴里。

定西好土豆的产区，被他们划定在极小的范围内，外人可能难以窥见当地人内部划分之严格。某一次，在定西的一桌土豆宴上，在惯例称赞了定西土豆是如何紧致、细腻之后，我说起对这些土疙瘩的单纯爱意，来彰显毕竟我也是识货的："每次在网上买，都一定要选定西土豆。"

对方摇了摇头："不，网上买来的不正宗，你看到底是不是定西发货。"我一看果然是通渭发货，但在我看来，通渭不就是定西的下辖县吗？土壤风貌又有多大的区别呢？

但在当时的环境下，我咬着牙不让一个字从我的嘴巴里蹦出来，只能拼命点头："是是是。"

陪同的主人幽幽地叹了口气："定西土豆已经不太好吃了！"

我对这个突然的结论表示了疑惑，毕竟人们记忆中的定西土豆是如此闪耀，童年时的食物更会留下异常美好的回忆。但对方摇摇头，说："全球气候变暖，定西的雨水也多了，这些年的土豆已经水兮兮的了。"

这倒是一个确凿无疑的理由。毕竟曾经苦甲天下的定西已经绿意盎然，虽然未必达到水草丰美的程度，就以雨水和满眼皆是的绿意来说，确实很难跟当年那个干燥缺水的定西联系起来。

谁承想，雨水带来的竟然是土豆从 100 分降到 95 分的严重后果。

但全球都在变暖，所以这么一想，定西土豆第一名的头衔，还是可以牢牢保住的。

三

烤土豆最早的雏形那就太早了。

毕竟最开始，人类的一切食物都是被烤熟的。虽然土豆传入中国的时间不过几百年，但烤制确实是人类掌握的第一种食物制作本领。

秋天，山间地头，一些蔓藤、一些干树枝、一些成熟的小土豆、一些饱满的蚕豆玉米，就足以呈现出一场小规模的人类返祖炙烤现场。

人们美滋滋地点火，看着火焰冲上去，黑烟一缕缕地在蓝天上弥散到看不清楚。火焰里面有绿色的豆荚、没剥皮的玉米以及跟土疙瘩根本分不清的土豆。这些食物的选择好像是胡乱为之，是根据田里能随手拿来什么烤什么的规则定制的。

但似乎又不是。

最早熟的是豆荚。

胖、大、绿的蚕豆荚已经通体变黑，像炭一样。

吃的人才不管这些，顾不上烫手，用一根粗壮的树枝把火焰中心的蚕豆荚扒拉出来。打开豆荚后，里面的蚕豆嫩绿无辜，简直像火焰中诞生的天使一样娇弱、柔嫩。鲜蚕豆是充满水汽、柔软而碧绿的豆子，跟人们惯常思维中硬得像铜铃一样的蚕豆完全不是一回事。

它又是烫的，熟的，清甜的。这是山野对极少部分人的馈赠，没有被烟熏黑过口鼻和手的人，是无缘跟这种食物邂逅的。

接下来是玉米。

顶多只是半熟，里面的包浆还是脆的、生口的，但叶子已经被火烧得差不多了。玉米粒在半黑半黄之间，此时无论熟不熟，人们都要咬几口下来才带劲儿，再不抢一根，不咬几大口，玉米就连到手的机会都没了。

没办法，争夺，是人们觉得一件事物格外有趣的必然结果。

该吃的都吃完了，土豆还是不熟，肯定不熟，无数次的经验告诉大家，烤土豆需要很长时间。

那么去旁边的麦田里面抓几把黄绿相间的麦子。

麦穗的头被小心翼翼地在明火上燎着，大概只需要翻两三次，麦穗头眼看着就要掉入火中了，于是眼疾手快把麦穗趁热分给大家，每人只得四五穗。孩子手上的皮肤很软，很嫩，但奇怪，在这个时候大家都不喊痛，两只手跟风火轮一样搓起来。几分钟内，青色的、饱满的、灌浆的、有火痕的麦粒就被送入嘴里。

于是，每个人嘴巴上都糊了一个黑圈。无人在意，也没有镜子，再说就算有，大家都糊了，也就等于没有糊。

土豆还被埋在火里。

序曲已经吹奏了多时，大家的耐心已经所剩无几。于是扒拉出最小的一个，拍打掉草木灰，剥皮或者不剥，每个人轮流咬一口。森森的小牙印留在小土豆上，有人咬到硬心，才发现原来还没熟，咬了一半的土豆再次被丢到火里。

这下大家的耐心已经消耗殆尽。有人拍拍屁股上的土，去挖一根胡萝卜吃；有人躺下来百无聊赖地看天；有人干脆翻个身，找一处玉米地遮住的阴凉地儿，睡着了。

这是属于乡村孩童的快乐时光。

老祖母显然比孩子们有耐心太多了。

北地风大，冬天的风呼呼地吹着窗棂，但屋子里显然是温暖的。中间有一个擦得黝黑发亮的火炉，这是殷实人家的象征——有擦炉子的猪油，有足够的炭火，也舍得放炭，炉子上没有水壶，没有铁盆，没有杯子，炉膛里的火只需要散发热气，不需要烧开水，不需要煮饭，不需要热洗脚水。静下来就能听到火苗儿呼呼地响，这是它欢乐地舔着炉盖子的声音。

灯是晕黄的，瓦数不大，没有人看书，只要一个 15 瓦的灯泡能照亮就行。孩子们不把饭扣到小狗的身上，不横冲直撞踩到猫咪的尾巴，这就算是一个平和而安逸的夜晚。

烤个土豆片吧。

这是最小的孙女提出来的要求。

望着大家亮晶晶的眼神，祖母从炉膛旁边的缝隙处塞进去几个土豆。又端来一个厚底双耳铁锅，铁锅斑驳地看不出岁月，木头把手都有了包浆的质感。或许用了大半辈子，或者是上一辈传过来的。总之，孩子们一生下来，这个铁锅就作为家里的主要家当，被使用着。

金灿灿的，是秋天收获的菜籽油。祖母倒得格外慷慨，整个锅底都被覆盖了。对于经历过饥荒的她来说，这是有点奢侈的大方，但孩子们都在呢，想到孩子，她的心就格外软起来。

土豆是切成厚片的，一锅也就放五六片，每个孩子至多只能分一片。大孩子明显看出了这个问题，她拿来干净的抹布，把火炉的身子擦了又擦，然后更薄的土豆片被贴在火炉身上。

竟然是火炉上贴的土豆先熟。孩子们争先恐后地蹲在火炉边，瞄准一块，小手一抓，什么时候塞到嘴巴里的不知道，但有一个孩子被烫得哇哇大哭，脸上挂着眼泪，边哭边快速伸向另一片。

大人看着笑起来，笑完又切了两个大土豆，贴在炉膛外。

翻面后，铁锅里的土豆终于熟了。

虽然薄片已经过瘾了，但丰富的油脂使锅里的土豆黄灿灿、香喷喷的，自然也格外华贵、矜持。孩子们的眼光像箭一样射过来，按照人头每个人分得一片。于是，大家笑眯眯地小口小口咬起来，土豆的热气和油脂的香气升腾起来。围着昏黄的灯泡，此刻，没有人写抒情诗，写岁月静好，但大家心头都浮起一种富足的喜气。

四

在跟土豆过招的若干年里，人们跟土豆彼此熟稔。

人把土豆的习性、需求、制作摸得十分透彻，土豆反哺给人各种各样的美食，这一波，人稳赢了。

土豆产量高。同样的一块地，种土豆和小麦，秋天产出的斤数完全不一样，虽然如此，土豆也不能真的当饭吃啊。

毕竟小麦才是正经干粮，豆包无论多努力，也只是豆包。

这是基因决定的，不是人们对土豆和豆包爱得不深沉，而是人类的消化系统选择了小麦和大米作为长盛不衰的主食，真是半分不由人意。

长期的农耕文明，长期的困窘之下，主妇们总要做点什么，才能不辜负这时间和孩子们嗷嗷待哺的脸。

土豆跟面结合，一定能做出点什么。

这是最开始创作者模糊的想象，至于未来会做出来什么，大家谁都无法预料。

任何事情只要一开始，就已经成功了一半。再者，土豆和小麦单独都不难吃，放在一起，哪里有难吃的道理。

所以在毫无思想包袱的情况下，洋芋擦擦就出现了。这个名字颇有争议，目前新疆、甘肃河西走廊一带岁数在六十岁以上的人记忆中的名字是"qunqun"。被写下来的时候有人写"群群"，有人写"裙裙"。相较而言，后者更能自洽，裹在土豆条上的面粉薄而轻盈，蒸熟后，就像穿了一件白色的小裙子。

靠近陕西的庆阳、平凉以及后来长大的孩子们，都跟着陕西叫洋芋擦擦。为什么叫"擦擦"？是因为土豆要擦丝之后才裹面，所以根据这个动作命名。但老一辈人还是喜欢叫"qunqun"，甘肃人前后鼻音不分，但不妨碍每个人都能清晰地发出洋芋裙裙的音调。

网络词条上说，这是一种流行于山西、陕西和甘肃陇东地区的汉族特色美食。不过，甘肃河西走廊的原住民表示抗议，还说他们从小不仅吃着土豆裙裙长大，连地里长出来的甜菜都会被奶奶拿来做成甜菜裙裙。甜菜会带来充足的糖分，这也是当地小孩的限定甜食。

土豆裙裙，或者是土豆丝，或者是土豆条，总之土豆是主角。裹面这个步骤是很讲究的，面粉终究稀少，如何用有限的面裹上尽可能多的土豆条，这是考验手艺的关卡。有些人把土豆条裹成一个死面疙瘩，但有些人就裹得十分均匀、轻薄。

这种食用方式在全国各地都有变种，如榆钱饭、槐花饭，如果生活条件更好些，油炸显然是个更美味的选择。无论是云南的面拖花朵，还是老北京的炸香椿鱼，或者是漂洋过海的日本天妇罗，内核跟土豆裙裙完全一致。

蒸熟后的土豆裙裙蓬松而白，升腾起来的热气中有土豆特有的香气。但这只是开始，必须就着用油泼辣子、油泼蒜、醋调好的味碟，才能算真正的一餐饭，对，没有配菜。

切丝显然是讲究工艺的，一些不想这么精致的主妇们，想出了一些偷懒的花招。

五

如今的甘肃、新疆一带，是土豆搅团的疆域。

河西走廊辽阔而明亮，是农耕文明跟草原文明犬牙交错之地，人也不免兼及两者的优缺点。

此地的土豆丝甚至不能称为"丝"，当地人也毫不在意，把这种儿童指头粗细的土豆丝率性地称为土豆棒棒，在狂野的路上一去不复返。

土豆搅团就是一种更狂野的做法。

把切成大块的土豆，丢在锅里煮到半熟，再盖一层面。等到面全部蒸熟捣碎，费的无非是一些力气罢了。

对搅团的评判标准也十分宽松，心情好可以捣碎一点，面粉跟土豆之间黏糊得情深意切，像最开始时的爱情；如果

土豆搅团

嫌麻烦，只要略微搅和几下，只要不出现太大的土豆块，那么这也算及格线以上。在草原文明的影响下，人们并不苛求主妇们一定要每餐都做出满溢着爱意的搅团，只要大致说得过去，就也算吧，这像婚姻。

搅团的配菜是很简单的，"下饭而已"，这也是普通人在困窘年代下对菜唯一的诉求。重口味的川菜、贵州山区的辣菜和遍布全国的咸菜，都是对昔日艰难生活的写照。

油泼辣子必须是一道菜，至多有一些醋。如果是在冬天，一定要从窗户外面挂着冰凌子的酸菜缸里捞出来半棵白菜或莲花菜。酸菜上虽然还挂着冰沫子，但做的人毫不在意，甩到案板上大切几块。也可以不切，但为了显得像回事儿，菜刀砍下去，就有了精心做东西的架势。

切好的酸菜在暖烘烘的炉子上渐渐融化了，继而变得软塌塌，失去了爽脆的口感。只有身体虚弱或者格外在意养生的人才这么吃。更多人就喜欢酸菜新鲜的冰冷劲儿，一定要牙花子冰得嗑一下，才够劲儿。

陇东与之相对的是糁饭，同样是杂粮饭，但因为用不到土豆，所以在此就不赘述了。

陇南的搅团则更加纯粹。

纯粹之处在于用料，这是土豆经过捶打之后的产物，就像南方捶年糕、捶牛肉丸子一样。陇南搅团经过千锤百炼，已经变成一种"糯唧唧"的食物。对它的前世今生不了解的人，很难把这种糯而柔韧的食物，跟质感松散的土豆联系到一起。

陇南搅团最大的特点和优势就在于捶打。

首先需要一个木槽和木杵，然后还需要一身力气，搅团就成功了。

硬件设施好配置，但软件难寻。需要精壮的男性，肥胖的、孱弱的，都不行。倒不是歧视。这是力气活儿，要抡得动大锤，周而复始地砸向土豆，木槽旁边的人要眼疾手快，在大锤抡起来的瞬间将土豆拨到凹槽的中间，以求每次都能最大面积地砸到土豆。

这个过程，跟广东制作牛肉丸子如出一辙。一扔三弹的牛肉丸子因为周星驰的电影为全国观众熟知，但陇南搅团一直到这些年才开始被人知晓。

搅团和酸菜是绝配，跟浆水自然很相称。在大排档里，搅团分红油搅团和浆水搅团两种。红油显然因为陇南靠近四川，无论是在制作手法还是名称上都有亲缘性；浆水则是彻底的陕甘产物，冰凉酸爽的浆水，浇在同样凉的搅团上酸爽黏糯，这是夏天最消暑的凉物，也是土豆对于这方土地上人们的馈赠。

随着《舌尖上的中国》热播，这种色泽鲜艳、味道香辣的食物开始在美食圈悄然流行。如果有广东人用磕磕绊绊的普通话认真询问甘肃搅团，没错儿，她一定是有来甘肃旅行的计划，来都来了，多打卡几家美食，这不是所有旅行者都必须做的计划之一吗？

六

江西说自己是米粉之乡，甚至连米粉最初的源头都被发掘了出来：来到此地的北方人想家，最先想到的就是食物，于是他们将一粒粒米，变成了雪白爽滑的米粉。

这是一个北人南迁的故事。

在杭州，也有人说，主食为面条的"片儿川"，其实来自北地。旺火小锅氽面，北方的饸饹面、烩面几乎都是这种做法。

但这些都是说法，因为年久日深都不可考。

将一颗颗笨头笨脑的土豆变成粉条，这最初的源头到底来自哪儿？全国有红薯粉、土豆粉、绿豆粉、玉米粉、高粱粉、蚕豆粉，遍布各地的薯类和杂粮都可以从一粒粒植物果实变成一缕细长的粉条，源头早已不可考，姑且就当作全国同时发端吧。

但源头，总有一个心灵手巧的人吧。

还必须有一条河，从最初洗净、磨出淀粉、澄清、晾干、煮熟、漏成细线。如果身边没有趁手的河，就算人有奇思妙想，水也不答应。

最初的一切应该是在河边发生的。

可能是深秋，可能是初冬，总之一定是有大量的、堆积如山的、尽可以浪费土豆的季节。

人们热火朝天地析出来土豆淀粉，它像冰山上的雪一样洁净、雪白。但它是柔和松散任由人们摆布的，抓起一把，扑簌簌地从手指缝里滑落，真是完美的土豆粉啊。

为了方便用水，人们在河边架起锅。柴火正旺，锅里的土豆粉已经开始收水、变得黏稠，开始发出噗噜噗噜的声音，这是热气顶起的气泡，滚烫得像刀子。

煮好的土豆粉，凝固起来就会变成晶莹剔透的白凉粉，这是非常日常的一种吃法。

不仅是甘肃，全国各地都有各种各样的薯类、豆类制作出来的凉粉，无论是切条凉拌还是做汤，美食界都有他们的一席之地。

我们说回甘肃。

兰州街头有一种炒凉粉，炉子一般在门口人们视线可以扫射到的位置。店面逼仄，但不妨碍人们走进去，要一碗凉粉炒粉双拼。

颤颤巍巍的白凉粉，经过油脂和热气的反复烘烤，一定得小火、微火，一点点炙烤，小立方体的每一面都在美拉德反应下变成褐色。原本的雪白色泽荡然无存，人们很难联想到几个小时前它还柔弱娇嫩弱不禁风。

成为炒凉粉后的凉粉有了盔甲，油脂给了外层清脆而香的口感。但这还不够，人们在饮食上总是会贪心，想要再好一点，再香一点，这是人们动物本能的一部分还是后天的饮食审美？不得而知。总之，炒凉粉不会单独出现，它会跟碧绿的蒜苗葱花、流淌着的油泼辣子和蒜汁儿一起出现。相信我，这样浓墨重彩的调料加持之下，连根枯树枝怕都有滋有味吧。

炒凉粉的芯儿还是雪白而滚烫的，这就是制作者的手艺了。如何在烤焦跟口味之间拿捏，显然，兰州街头的炒凉粉师傅都是深谙此道的大师。

某一天，河边吹过一阵微风，正在煮粉的人突然头脑清明，一个念头油然而生。她信手拿起漏勺，饶有趣味地舀起一勺白凉粉，一咕嘟一咕嘟的凉粉从漏勺里往下落，落在河里迅速凝固，像一条条淘气的鱼儿。

浆水漏鱼就这样产生了。

相比混沌的凉粉，这显然是更具设计感、更精巧的一种食物。人们大口喝着酸凉的浆水，小巧的凉粉鱼鱼纤巧地顺着喉咙滑进胃里，这是喝汤，算不得一餐饭的。

吃不完的凉粉，自然亦有归宿。

阳光给世间万物带来无限生机，那么带给凉粉的是什么呢？

在凉席上慢慢变硬的凉粉块儿回答不上来，它感觉自己的身体从柔软变得僵硬，迎着风还会翻跟头。每到这时农人都会兴趣盎然地拿来一个口袋，将干瘪而灰白的凉粉皮装到袋子里，一起装到袋子里的还有无限的阳光。

寒冷的冬日里，人们想起厨房里的半口袋凉粉皮，清澈而刺骨的凉水哗啦啦地冲上去。一小时后，凉粉皮变得柔软而透明，在水里隐了形，人们用冻得通红的手在水盆里试探，能捏到滑滑的粉皮。

在糊锅里，在牛肉小饭里，在凉粉里，在臊子面里，在羊肉面片里，凉粉皮带着阳光的馈赠，出现在所有的汤里、饭里。人们心满意足地捞起一块粉皮，眼前开始晃动金色的秋天里金色的阳光和麦浪。

这只是 1.0 版本的土豆粉。

七

必须再次拿出三毛哄荷西的那段话了。

"这个啊，是春天下的第一场雨。下在高山上，被一根一根冻住了，山胞扎好了背到山下来一束一束卖了换米酒喝。"

她说的"春雨"，就是粉条。

粉条是 2.0 版的土豆粉。

如何从一碰就碎的凉粉变成韧劲十足的粉条，这是一个难题。

中间跨越的难度不啻原始文明寻到火，从采集野生谷物转向人工种植，驯服野兽成为家禽。已经跨过鸿沟的人们回望彼时彼刻，看到的不过是偶发、随机，甚至还有些许好运加持的巧合。但在当时，人们绞尽脑汁，穷尽想象，在迷雾一般的旷野里寻找一条去途。

其中的"金手指"就是明矾。

加了明矾的凉粉变成柔软的粉团；加了明矾的豆浆变成豆

腐；加了明矾的面变成油条；加了明矾的海娜花，可以把女孩们的指甲染成红色。这听起来简直像个魔法。

不过在现代文明的科学体系下，这种可以改变诸多食物性质的添加剂明矾，被证实过量容易对身体造成伤害。但当时人们不晓得，只知道这种白色、像冰糖一样的晶体，是如此便用和乖顺。

凉粉揉好的粉团子变得雪白细腻，像面对李寻欢的林仙儿，像面对沈浪的白飞飞，无论江湖地位高低，无论是不是杀人如麻、令人闻风丧胆的女魔头，在意中人面前，竟像世间所有陷入痴恋的男女一样，柔若无骨。

人是很粗暴的，尤其是制作者，他们不管什么江湖，不管什么恩义，不管什么雪白好看，信手从粉团上揪下来一块，顺势塞到旁边哇哇大哭的孩子嘴里，孩子止住哭声，伸手再揪下一块。

这时作坊里的粉团，就像云南的饵块，还带着粉的热气和香气。如果趁热抹上辣椒、撒上碎花生，说不定也能成就一方美食。

但当时制作的人，做出了另一种样貌的食物——手擀粉。

这是北方人擅长的面食制作手法。无论是油泼面还是臊子面还是牛肉面，面粉变成面团子后需要揉成一个个小圆饼，才能开始后续拉面、搓面和切面的程序。

从这个角度来说，手擀粉确凿无疑是一个北方人发明的。

手擀粉泼了辣椒、蒜泥、醋，就是粉条作坊里最方便快捷的食物。但这种食物终究要过于依赖人力而无法大规模量产，因此，粉条登场了。

粉团子一跌落到准备好的大型漏网后，刷、刷、刷，漏网下面的河里果真连绵不断地下起了春雨。河水冰凉彻骨，温暾的粉条忍不住战栗起来，变得紧实，经过冷热洗礼冲刷的粉条通身雪白，在河里游来荡去，人和粉条都美滋滋的。

后来人们在河边盖起屋子，终日里云山雾海，河边还有取之不竭的水源。人们知道，这里有一座粉条房。

流行在中国北方几省的饸饹面，据说最早的名字是河漏、河捞面，仅从名字来看，做法应该跟粉条类似。不过饸饹面的名字暴露了最初的制作场景，而粉条，早就挥一挥衣袖，不带走一片云彩，从名字里完全、彻底地寻觅不到原始出身了。

八

这些年，全国各地的区域美食相继打破地理限制，借助网络成为全国性美食，譬如柳州螺蛳粉、甘肃流汁宽粉、贵州羊肉粉等，这些食物被预包装运输到顾客手中，稍做烹饪，色香味依旧俱全，是成本最小的"舌尖上的旅行"。

甘肃宽粉，是土豆粉。

兴许是受到牛肉面的影响，甘肃的土豆粉条也按照"毛细""细""韭叶""大宽"的规格制作，各取所需，牛肉面

甘肃土豆宽粉

有的咱粉条也不能输。于是乎，竟然催生出了流汁宽粉这样大众领域的网红食物。

宽粉至少在四五厘米左右，视觉效果跟细米粉、粉条截然不同，这是广袤的西北大地上才能孕育出来的爽朗审美。

"大"是北方审美中一个很重要的词儿，大山大河，大口吃肉，大碗喝酒。这些词只有在北方的语境下才有无比的煽动力和说服力，西安爆红的摔碗酒，因为发生在北方，人们能理解这种豪迈和痛快；草原上人们接过荡漾在银碗里的酒，就像捧着月光，捧着银子，捧着北方一汪清澈的时光。

宽粉，可以说是这种审美下的必然产物。

也因为带着北地的风、北地的雨，这种北方审美最开始只是在麻辣烫、大盘鸡里崭露头角。

这些都不是本地人家常的食物，它们是升华了的日常生活，有被高度浓缩和提炼的食物审美，但又在工业化的城市里成为餐厅里的日常饮食。也因为这种契机，它们才能够迅速流行。

大盘鸡属于家人、朋友、同事，需要三个人以上的场景。这样具有仪式感的食物，在正常的工作日，其实没有很大的应用场景，但麻辣烫不是。

成都有句话说，火锅是一群人的冒菜，冒菜是一个人的火锅。跟冒菜几乎一样的麻辣烫，可以说，完全地满足了人类单位个体在一瞬间对于热辣食物的幻想。粉条是麻辣烫里的主食担当，为了满足不同人的需求，细粉、韭叶、宽粉、泡面皆可选。

兴许是选择宽粉的最多，消耗量最大，总之，宽粉从这种平行选择中脱颖而出，开始独立地在兰州的"火吧"作为宽粉麻辣烫出现。也因为被剥离掉填饱肚子的功效，宽粉麻辣烫格外"麻辣"，跟烤串、啤酒、小龙虾成为一种随性的社交食物。

接着大家都知道了，流汁宽粉被装在真空包装袋里销往全国，无论是山边河边湖边的人，都舌尖冒火地尝试过这种食物，并心心念念，对于孕育出它的这片大地产生好奇。

经过多轮烦琐的制作、包装、烹饪，人们已经模糊掉了它最初的来路，不晓得这雪白透明、滚烫热辣的食物最初的母本是什么。制作宽粉的商家初心不改，他们必须标注出来，原料来自甘肃定西，这体现了土豆的最高标准和审美。

馓饭酸烂肉里藏着的少年时光

大雪，冬藏。

白的是大地，远处的山峦，掉光了叶子的树，人是一粒粒小芝麻点儿，洒在白色的大地上，像一群黑羊。

风吹过空荡荡的院子，农具都被安放妥当，虽然隔着窗户能看到屋子里的光景，但窗棂密不透风。于是，风的尾巴带着一丝寂寞卷走了。

家里是洁净而暖烘烘的。火炕里的柴火稻草经过一晚上的燃烧，已经变成黑色的灰烬，但里面还有若隐若现的火光。自从人类驯服火之后，火乖顺得像家里养的猫咪。但偶尔，它也会露出老虎一样的獠牙，那些被烧得焦黑的毡、褥子，就见证和记录了这一切。

火炉上的黄米馓饭已经做好，被焖在锅里。

另架起一口锅，清凉的菜籽油顺着锅边淌到锅底，这是一种清凉而黄的油。夏天的时候，油菜花开出漫山遍野的金黄，引得蜜蜂追着跑。但农人不爱看这些风景，他们期待的是秋天里鼓鼓囊囊的籽儿，这是整年充沛油脂的来源。没有油，怎么做月饼，怎么过年，怎么炸麻花，怎么炒菜？

这是动物本能和农耕文明时期的实用美学。在漫长的冬天来临时，储存足够多的食物，才能悠然地度过这冰天雪地的时光。"家里有粮，心里不慌"，不要说人类，连粮仓里的老鼠和森林里的松鼠都深谙这种生存哲学。

被仔细储藏的油脂只有在特别丰裕时才能在锅底流淌荡漾起来，大多数时候，一块蘸油的布条就能解决一家老小的油脂摄入。

一

必定是个特别的日子。

杀猪匠。

从春天开始就养着的那头猪。

彼时，它还是头只有人胳膊长短的小猪仔，屁股上有一朵黑花，抢起吃的来毫不嘴软，所有兄弟姐妹里它最机灵活泼。被这家人选好后，黑花被装在一个麻布袋子里回家了。

也是整整一年四季，从春天的麦麸、煮土豆胡萝卜到夏天的西红柿、小白菜，秋天的苹果、西瓜。大家吃甚猪吃甚，据说有一年西瓜丰收，多得连猪都吃腻了。

到了冬天杀猪的时候，猪还没想好接受自己的命运，它不知道一直温和待它的人为什么翻了脸。养育了猪一年的人亦有忧伤和怅惘，但人见得多、活得久了，就格外认命，很多想不通的事儿也就想通了。就像猪的命，生来就是被人吃掉的，人都无法决定自己的命运，猪更是。

杀猪匠凶神恶煞，往日人们总是离他们远远的。杀生，在朴素的民间观念里罪孽深重，但猪又原本是养来杀了吃肉，养的人岂不是也有罪？人们往往会混淆概念，甚至用"君子远庖厨"这种自欺欺人的话来自我安慰。

再说，还有嗷嗷待哺的孩子们。他们的胃口就像无底洞，吃下去食物，长了个子，脸上有了红晕，多余的猪肉还能换一些钱。生活步步紧逼，人们无力去想一些动物保护、悲悯的词儿。

血哗哗地流出来浸入大地，不久就变成深红色，平时哪里有机会去见这么多的血呢？人不免晕了头，甚至看到杀猪匠的尖刀都心生恐惧，孩子们更是不能看这么血腥的场面，早早被指使做别的事情。父母没有办法，只能硬着头皮假装自己对此毫不在意，其实心里的恐惧就像每年春天的沙尘暴那么大，那么猛。

不过这是蹩脚的杀猪匠，一辈子都不会遇到几回。

有经验的都会吩咐主人家早早烧好热水，备好足够的盐，鲜血会流到撒过盐的水里。这是一道很重要的工序，叫作

"紧"，"紧"出来的鲜血从液态变成固态，既方便携带，也更方便烹饪。

切成块的猪血和豆腐就像是孪生兄弟，黑红色和白色，要是能搭配一些翠绿的韭菜来炒，这简直可以算得上一碗相当有分量的荤菜了。

但这仅仅是粗放的版本。多年的农耕文明总结出一套对待食物的范本，人们有大量的时间去验证、去尝试，所有的一切都被安排得明明白白。长期贫困的生活，使每一样物品都要物尽其用，稍微虚浮一点都会被冠以"败家子"的名声，这是很严重的一个指控，甚至某些程度上来讲，会影响到儿女们的婚姻。

在甘肃庆阳，人们将猪血跟荞麦面搅匀成粉红色的糊糊后，再摊成一个个圆饼，这些煎饼卷土豆丝最是美味。但显然当年人们认为这样不够郑重，最终这些圆饼会被切成菱形块，烩豆腐，烩丸子，甚至加蒜苗、韭菜炒成一道菜。这是对过往苦难的一种美味记忆——贫瘠催生了无数奇思妙想。

还有血肠。

血肠是如此久负盛名，作为东北杀猪菜里的扛把子，显然已经形成独立的审美标准。煮熟切成薄片后，凝固后的血液随着重力下陷，变成一个"灯盏碗儿"。这对血肠的新鲜度和制作者的刀工都有要求，唯有达到这些要求，才可能算得上得高分的血肠。

漫长的冬天里，人们在土豆、白菜、胡萝卜的桎梏下，会费尽心力发明一些季节菜。西北的血肠延续了中原一脉，即山西、陕西等地的风格，将猪血里混入荞麦面和一切去腥的调味品后灌入大肠。煮熟后的血肠是淀粉扎实的口感，最好用辣椒、蒜苗和韭菜炒菜，这是类似于四川腊肠的烹饪手法。

猪头肉则有广泛而悠久的食用方式——下酒菜。

《西游记》里的妖怪们不止一次地指着猪八戒忽闪闪的大耳朵说要切来当下酒菜，唐僧的吃法则因为唐僧肉太过于珍贵而小心翼翼。甚至在巴甫洛夫的理论下，人们见到猪头肉就会形成条件反射，会想去寻找一杯可以配猪头肉的酒。

这些爽脆的耳朵、柔韧的舌头以及胶原蛋白丰厚的猪脸颊，味道全然不同，这是富足生活里的一种享受。但在过去穷的时候，据说人们更想要的是雪白而厚的肥膘。肉铺里买肉时，人们会托关系去选一块最肥的肉，倘若排了很久最终获得一块瘦肉，会影响好几天的心情。

这种审美在当下简直无法想象，毕竟物质如此发达，人们苦于油脂的摄入量超标而对猪油敬而远之，那些不过三十年前的回忆已经被富足的生活击成碎片。

二

锋利而灵活的快刀见处，猪肉被大卸八块。主妇们紧跟其后，紧贴着肋骨的五花肉是首选，被切成一两斤大小的块儿之后备用。

不是做成腊肉。

潮湿温润的秦岭以南主要晾腊肉，装腊肠。等到热气将腊肉全部蒸腾浸透之后，腊肉会变得更紧实和透明，同时还保持着足够的水分。

西北的风太大，天气太干燥，稍不注意就会硬得像风干肉。这是远行之人带的充饥的口粮，口感近乎无味。如此珍贵的肉，关乎着一家老小一年的口福，怎么能这样被潦草对待呢？

靖远的腌缸肉是它们的归宿，在会宁，它们被叫作坛子肉。

将猪肉切成一两斤的肉块，在热水中汆煮片刻，直接投入备好的热油锅里，肉块慢慢变得焦黄，甚至脂肪已经在热油的作用下开始慢慢溢出。锅里的植物油和动物油开始亲密无间，大约六成熟时将肉捞出来裹调料，每个主妇都有自己的独门技术，但花椒和大料是必需品。

裹满调料的肉块被随意摆放在缸里，这缸是本地的土、本地的窑、本地人的手艺。大家虽然还说不出什么"身土不二"之类的话，但这个从大地取土并最终归还于大地的循环一直在上演。

肉块逐渐堆满了缸口，但不能放得太满，不然会影响之后的操作。中国有句俗话说："倒茶之道七分满，空留三分是人情。"七分确实是一个合理的比例，将炸过肉块的油倒入缸中，肉完全浸透，一定要封到顶。不然在漫长的时光里，微生物会带来腐坏灰败的口感，坏了一缸的肉，没人能负得起这么重的责任。

等不了多久，就可以从缸里提出来一挂肉，用捱过冬天的羊角葱、春天的第一茬韭菜炒熟，肥肉变得透明而韧性十足，到了此刻，腌缸肉又奇妙得像南方的腊肉。这两种不同的储存手段，可能确实是因为南北气候顺势而为的手法。

腌缸肉是招待贵客的架势，普通人家天天大口吃肉，会落下"不持家"的名声。更多的人家最初就直接将肉切成丁，依旧用油炒过后封起来，这是一种更为家常和节约的手段——肉丁显然可以拉长使用的时间和频次，更容易使家人产生"每天都有吃肉"的幸福感。

臊子面自不用说，吃汤面的时候，一勺臊子可以带来充沛的油脂；至于吃拌面、拉条子时，这是已经被验证过无数次的美味——酱油猪油拌米饭是香港美食家蔡澜一生的至高信仰，没错儿，猪油拌一切，它可以带来一种远高于任何其他油脂的香气，人们甚至可以顶着三高的压力，允许自己偶尔吃上一碗。

更不要说吃米饭、扁豆饭、浆水面、甜饭、酸饭，甚至夹在滚烫暄软的馒头里，一勺油脂都能为人带来刹那欢愉。

三

总还得招待当天的客人。

选中一两块肥瘦适中的肉，放在灶火上的卤汁里慢慢炖熟。

卤肉是最常见的一种做法，丰富的调料会赋予肉一种全新的香味。在苏州，人们吃焖肉面，点睛之笔就是汤面上那一块糯到化渣的肉片；在四川，人们要吃薄到可以透光的大刀白肉，还会用碧绿的蒜苗搭配薄而卷曲的肉片来展示刀工和豆瓣酱的浸入。但在西北和东北，人们对刀工毫无要求，大口吃肉就是最好的美学标准。

东北诞生了猪肉炖酸菜粉条，西北诞生了酸烂肉。

两者不约而同用了酸菜作为主料，甚至连配料粉条都一模一样，听起来不可思议。但倘若我们将目光稍微拉远就可以发现，这两者几乎诞生于同一环境下。

都有漫长而寒冷的冬天，都无法储存新鲜的蔬菜。腌酸菜是全家出动的大事儿，它们是整个冬天的蔬菜来源。无论是白菜、莲花菜，还是胡萝卜，这些适合腌渍的食物每年都会在人们充满爱意的眼光里，被精心对待。

深秋温暖的阳光里，白菜被人拔出大地后，被锋利的菜刀劈成两半。这种简单的活儿一般是小孩们完成的，被劈成两半的白菜裸露在阳光里，嫩黄色的叶片被金黄色的阳光照射着。白菜叶片肥厚，如果不杀水汽，腌好的酸菜就会水分分的。萝卜干、雪里蕻等所有腌渍食物，晾晒断水汽都是基础环节。

总之，等到白菜被晒得蔫头耷脑、不复之前水灵的气质之后，就会被人们安置在本地陶土烧就的大缸里。据说，这些大而褐色的水缸更透气保温，我之前疑心是人们为了仪式感而强行做的解释，但玻璃器皿泡出来的酸菜确实缺乏土缸酸菜微妙而脆爽的口感。专家们说，这是微生物的缘故，我觉得这是漫长的岁月里基因筛选后的味觉，就像斗牛场上的牛，会冲着一块红布疯狂奔跑。

总之，在无数的暗夜里，蔬菜跟蔬菜之间，无论是爱恨交织还是你我本无缘、全靠红娘牵，最后它们都无可奈何地接受了这命运的安排。作为主角的白菜、被切成丝的胡萝卜和辣椒，全部被浸染了一模一样的酸气。

细究起来，每家的酸菜都有微妙的区别，这全都仰仗主妇压酸菜时的手感。这是中国菜很难量化生产的一个重要原因，少许盐这个概念，差之毫厘，谬以千里，最忠心的学徒学到的是积年累月之后的手感，而非克数。

于是，在寒风像刀割的某一天，人们打开酸菜缸，发酵的冰凉的冷气冲出来，人们心满意足地说："成了。"将带着冰碴子的酸菜从大缸里直接拎起，油烟已经浅浅地萦绕，火苗持续热情地舔着锅底，油脂的香气吹响了号角。于是，白色的蒜片、翠绿的葱段跃入锅中，一种奇异的香气升腾而起，穿过门帘，穿过窗棂，穿过墙壁，整个院子里都笼罩在一种富足的香气中。

被切成段或者丝的酸菜翻炒之后，略微焖煮几分钟，配角暂时退位，主角登场了。

肉已经在大锅里卤好，肥肉颤动，香气扑鼻，无论如何这都是过去稀少而香艳的画面。人们的喉头陡然分泌出口水，眼睛发光，甚至迟疑到迈不开步子。

"贪馋"在过去是很严重的指控，一方面意味着他竟然想享受这一切，是好逸恶劳的人；另一方面在资源匮乏的时代，"贪"则不免会占用到别人的份额，使他人利益受损。

只有主妇能名正言顺坦然地捞出肉切块。

这时候，场面就会有微妙的张力。最受宠爱的孩子嘴巴里会被塞入一块肉，这是额外的恩赐，机灵的孩子会躲在某个角落，以防兄弟姐妹们看到，再慢条斯理地咂巴嘴。多年后，这都是非常珍贵的记忆，这意味着独有的宠爱和贫瘠年代的美味。

切好的肉在葱花、蒜片的香气中进入锅中，花椒、八角、肉桂，这些已经被同样磨碎的粉末像雪片一样撒进去。调料使锅里的肉再次升腾起一种复合的香气，人们忍不住要吸一吸鼻子。脂肪和蛋白质带来的味觉体验甚至可以追溯到人类的童年，自从在森林里捡到被山火烧熟的肉，人们再也不想茹毛饮血了。

原本非常霸道的酸菜有了油脂的浸润，开始变得温顺起来，肉片上混合了发酵后的酸气，使那些雪白的肥肉变得爽口。

与东北的猪肉炖酸菜粉条相比，原料几乎一模一样的酸烂肉，完全炒出了不一样的西北风格。

肉同样是大块的，但酸菜也是大块的，红色的甜椒也是大块的，紫色的洋葱也是大块的。这是以"大"取胜的一道菜，猛火炒就后，加水微微焖煮入味就好了。不需要炖到天荒地老，肉还是肉的香，酸菜还是酸的，甜椒还是甜的。

在人们眼巴巴地等待中，焖在锅里的徽饭已经从滚烫变得温暾，酸烂肉的香气已经肆无忌惮地在这个屋子里漂浮了许久，人的忍耐已经到了极限，那么，就着徽饭大口吃肉吧。

就像少年时那样。

一寸相思一寸灰，熬到天荒地老的灰豆汤

灰豆汤这样小众的食物，食用的地域范围之小，小得只在一座城。

但纵然这样又如何，它依旧一代一代、甜暖软糯、妥妥帖帖地尽忠职守。作为一例北方罕见的汤水，在大风起兮的西北兰州，自成一道风景。

所有的汤水都要耗尽大量的时间。在时光和温度下，这些普通的原料才会变成另外一种喜人的模样。灰豆是一种在甘肃、新疆被大量生产的食物。就地取材，在几千年的农耕文化中，是一个亘古不变的选择标准。据说它还有一个大名儿，叫麻豌豆。不过，人们并不爱这样叫，就像隔壁家叫大头的顽皮小儿，取了个端端正正的名字王振国，街坊邻居还是宠溺地唤他大头娃儿。

灰豆是如此常见，常见到家里的羊吃过，牛吃过，孩子吃过煮软的豆，大人吃过

嘎嘣脆的豆。农家小院里，豆真多，多得铺天盖地。只有羊吃饱了，牛吃饱了，孩子吃饱了，大人吃饱了，有多余的，才能被拿来想想办法。这种滴溜溜的小玩意儿还能拿来做出什么新奇的东西？有人说，世界上大多数的创新都始于意外，比如说，被裹了一层泥壳儿的叫花鸡；比如说，鲁班上山伐木时被小草割破了手，他细看小草的叶边有齿而发明了锯；等等。

我支持后一个观点。

只有在漫长的岁月里做过无数顿饭、煮过无数次豆的主妇，才会灵光一现，才会醍醐灌顶，才会在刹那间下了决心：如果加长这种普通豆熬煮的时间，是不是会有另外一种美味产生？这是在贫瘠岁月中一个主妇最大的创新能力。

况且，熬煮时还要加一点点碱，这才是使豆类淀粉类食物变软糯的"定海神针"。没有碱的时候，西北有大漠，大漠边沿生长着一蓬蓬的蓬灰草。到了秋天，稍大的孩子们会去捋蓬灰籽儿，捋来的籽儿搁家里也是一种风味食品。成年人会在沙漠边上挖一个坑，收割大量的蓬灰草，干枯的蓬灰草很容易被火柴点着，这些草烧啊烧，会变成一种灰白色的结晶。这种东西就叫作蓬灰，科研人员检测后发现，里面含有大量的碱。

蓬灰要用水煮，煮到水变了色，蓬灰变白变浅，蓬灰水这种奇怪的液体就成为西北许多食物中最天然的添加剂。牛肉面淡黄色的面必须蓬灰才能拉得又细又长；扁豆饭里加一点点蓬灰水就分外省柴火；熬大米、小米粥，同样添一点点蓬灰，米粒很快就会变得软糯，与汤水浑然一体。

这个发明灰豆汤的主妇，一定有大量这方面的知识储备。没准儿一开始，她就定下了煮灰豆水时，要加蓬灰的基调。当然，仅仅有知识储备还是不够的。耐心的人还要在熬煮灰豆汤漫长的等待里，加入本地产的小核儿甜枣。这种甜枣只有拇指肚大小，但因为西北日照时间久，糖分足，剥开枣儿，里面甜蜜蜜的枣肉可以拉丝，所以又被叫作金丝小枣，搁以前这都是上供的佳品。"旧时王谢堂前燕，飞入寻常百姓家"之后，枣儿还是那个枣儿，但做法明显不同了。

小核儿甜枣们不再被剥去枣皮，取掉枣核儿，做成枣泥糕或者枣泥夹心馅饼这样繁复精致的食物，而是用水冲洗干净以后大剌剌地下锅熬煮。这也是很考验功力的一项技术。一碗合格的灰豆汤，枣皮不能破，枣儿在汤水中圆鼓鼓、肉嘟嘟，就像挂在树上一样充满了水分和糖分。一颗滚烫的枣儿在舌尖唇齿间被吮吸的时候，枣肉的蜜汁儿冲破了枣皮的束缚，鲜甜滚滚而来。红褐色的灰豆汤里，枣的味道早已浸润其中，浓墨重彩。

一碗合格的灰豆汤，对于豆的要求也很严苛。半碗汤下肚，碗底的灰豆们都破了皮，只剩下虚虚浮浮的一碗底灰豆皮儿。严格意义上来说，这是一碗只能打 50 分的灰豆汤。只有豆和枣儿都一粒粒饱含水分但皮儿完好无损，里面的糖分、淀粉都已经在十几个小时的熬煮中，渗入甜的汤水里，这才是一碗可以打 60 分的灰豆汤。

另外 40 分，则是更加虚无缥缈但可以切切实实被唇齿感受到的口感。

有一次，在一个久负盛名的甜食店，要了一碗灰豆汤，指定豆少汤多。给完钱一扭头，大厨拿着塑料勺给碗里加了一勺白糖，那一碗灰豆汤，我总疑心嘴巴里有尚未融化的糖粒，吃得不爽。还有一次也许最初熬煮时，大厨手抖碱加多了，一入口碱味甚厚，便再也提不起兴趣多喝一口。

所以，就像所有的食物一样，一碗可以打 99 分的灰豆汤，一定是天时地利人和的天作之合。

就像爱情。

一味豆跟一味枣，要经过漫长时光的风吹日晒，要经过冥冥之手有意无意地划拨，要经过高温的沸腾，要经过低温的溶解，要经过加入佐料后改变本身结构的伤筋动骨，要在无边的暗夜中互相成就、互相依仗、共同痛苦或欢笑，才能变成一碗红润黏稠的汤水，才能你中有我，我中有你，豆的涩才会慢慢变得甘甜，枣儿亦不会喧宾夺主，一碗能够打 99 分的汤水才能被岁月淬出，才能被食客宠爱。

所以，时光能打败一切，时光也能成就一切。

谁说不是呢。

天上之水。

这是一个城市的名字。

也是伏羲和女娲的诞生地。

这里是中华儿女最早生活过的地方。

大地湾文化中，中国的先祖手牵手，一起迈向人类文明。

战国时期，秦人祖先屯兵养马于成纪，他们自东方而来，最终称霸中原。

它还有很多定义和命名，但时至今日，我们贫瘠的想象力已然无法还原当年的人类是如何在这一片土地上繁衍生息。隔着遥远的岁月，我们遥望祖先的足迹，空留下一叠声的回音。

荞麦最早起源于中国，是华夏先民驯化的谷类之一。

等到小麦从西亚起源之后传至中国，荞麦已经在中国成为果腹的食物。

一粒粒荞麦，经过一道道工序，变成荞麦

粉、荞麦面条、荞麦茶、荞面呱呱……

有些食物已经跻身主流餐食，有些食物诞生于通信、交通不太发达的时期，在小范围内被视若珍宝，等到交通便利、社交媒体兴起的时候，开始被贴上地域的标签，成为外地人猎奇、打卡的当地食品。福建的肉燕、潮汕的鱼饭、天水的呱呱，都是典型的区域食物。

在十六岁那年，我无意间目睹过一场天水姑娘跟呱呱之间的缠绵爱意。

那是国庆节返校之后一个昏暗的下午，我走进她的宿舍时，看到她从一堆食物中探出头来，神秘地冲着我笑了一下，喊了一声"呱呱"之后，用筷子飞快地夹了一些碎末，抹在我的嘴巴里。

由于过于碎，没有尝出什么味道。我低头往袋子里一看，褐色的，碎碎的，被调料染红到一种说不上来的食物。当时脑海里荡出来一个词儿：民生艰难。一路颠簸，都颠碎了还舍不得扔掉。

人都说第一印象很重要，我跟呱呱之间的第一印象，就这么一地鸡毛，我看呱呱应如是，呱呱看我亦如是。

一个呆头呆脑的外地姑娘，敢对着天水标志性的美食呱呱下这样的定义？

就像有人竟然敢质疑貂蝉的美貌，敢质疑李白的才华，被天水儿女验证过几百年的呱呱，竟然能被这样一个外地人鄙视下去了？

我不知道呱呱怎么想，反正很多年间，我都对呱呱敬而远之。虽然我身边的天水小伙伴们纷纷向我推荐，甚至每次主动提出要给我带几份时我都婉言谢绝。同时我也知道了，原来呱呱原本就是碎的，是被特意捏碎的，跟长途汽车上的颠簸没有任何关系。

与此同时，我又多次目睹了天水女孩对于呱呱纯粹的热爱。

据说，这是一种被当作早点的食物，同时也是被赋予了乡愁情绪的食物。

虽然在兰州，牛肉面也被当作早点，并且所有的兰州人都顺理成章地认为理应如此。但一种火辣辣、红通通且凉的食物，被郑重地当成早点，还是令人有点费解。

有句话说，世间所有的相遇，都是久别重逢。

所以，数十年后，跟呱呱再次相遇的时候，我已经是个见过诸多世面的年轻人了。哦，不，我是首先跟天水的浆水面一见钟情，之后才慢慢日久生情爱上了呱呱。

浆水，是一种酸汤，是一种流行于陕甘两地的、蔬菜经过发酵之后略带酸味的一种汤。

天水的饭分为两种：一种是酸饭，就是浆水面；一种是其他面，没有放浆水，叫作甜饭。

这个解释过于笼统，外地人完全无法理解这种食物的真谛，甚至会等同于北京发酵后的豆汁儿、沿海发酵后的鱼露等食物，但虽然都是发酵物，浆水跟它们统统都不是一回事儿。

这是一种清澈的、颜色取决于发酵的蔬菜汤，清凉又略带酸味，看吧，这种表述听起来更让人云里雾里了。

其实，跟全世界的腌制食品一样，浆水的产生得益于微生物的生长。韩国泡菜中有一个点睛之笔，就是要烧开一锅黏稠的面糊，放到半温，加上辣椒、蒜末和苹果片，制作成黏稠的辣酱，均匀地抹在白菜片上，最终酿出酸酸辣辣的辣白菜。

所以，无论在世界的什么角落，淀粉都是催促微生物生长的重要一步。

浆水也一样，人们将洁净的蔬菜，比如西北最常见的莲花菜、芹菜等煮好断生后，放入煮过面条的温面汤中封口，面汤不需要像制作韩国泡菜时那么黏稠，最好清透而亮。

整个过程说起来简单，但需要极度的清洁、干净，不能有一滴油脂落到缸里。不然，油脂会使一缸浆水都顷刻变得灰败不堪。各家的主妇都会准备一双特制的长竹筷子，专门用来捞浆水菜，专物专用，不得有一点差池。

奇怪的是，这又是一个非常讲究手气的环节。打麻将、扑克的人虽然会经常性地说到手气，但风水是会轮流转的。可是做浆水，有些人一辈子都是好手气，做出的浆水又酸香又清澈；有些人的手气一直是坏的，做出来的浆水永远都是一股馊抹布的味道。

为了平衡这种因为自己的坏手气带来的偏差口感，当地做浆水时，还有一个纠错环节——每一缸浆水开始泡的时候，都需要取三家的浆水打底，兑起来做引子，然后按照程序进行。这据说是一个古老的传统，我更倾向于认为，这是一种口味或者说菌种的平衡。

一般而言，做得最好、人们口耳相传的那几家，是被人讨要浆水最多的人家。要的人扭捏不好意思，对于给予的人来说，这恐怕是一种意外的奖赏——被如此肯定过的手艺，在一个鸡犬相闻的生活环境中，也是一个明晃晃的勋章吧。

三五天后，盖着棉被的浆水大缸被打开了，一揭开盖子，酸香扑鼻的浆水开始正式进入使用环节。

酿好仅仅是最基础的一步，就像是泥人坯子一样，打好了底，接下来还有很多道工序，每一个环节都决定了成品的质量。

冬天，或者夏天，总之是一个寻常的日子里，百无聊赖不知道做点什么好的时候，浆水就是最方便快捷的一餐。

煮开浆水，将土豆、面条、蔬菜依次下入锅中后，一锅普通、平凡、寻常的浆水面就做好了。

点睛之笔是炝韭菜花。

韭菜花不是观赏植物，是韭菜开出的细碎小花儿，花苞极碎小，相比韭菜浓烈的气味，韭菜花的味道是淡的、轻盈的、星星点点的。

没有人知道第一个炝韭菜花的主妇是谁，但她确实开创了一种崭新的、只适用于浆水面的、浓墨重彩的香气。

　　用热油泼过的韭菜花，有一种奇异的、穿透力极强的香气，香气尖锐地劈开混沌，给平庸的浆水面镶上了一圈金边。可以这么说吧，我觉得浆水面 80% 的好，都来自韭菜花的香气，这种锐利的气味，作用于寡淡的浆水面，使两者水乳交融，焕发出一种厚重又轻盈的气息。

　　而且，韭菜花的香气几乎可以说只适用于素简的浆水面。中国其他地区的名面，比如兰州牛肉面、重庆小面、上海黄鱼面等，因为汤和面本身有浓烈的香气，已经不适合再增添韭菜花的山野之气，两种香气相加反而显得繁复、庞杂，没有重点。

　　那么在浆水面中，韭菜花就是唯一的重点，是舞台上唯一的光柱，是冰天雪地里唯一的光亮，是一袭黑衣上点睛的红纽扣。

　　所以，在我宣布彻底爱上了浆水面，并且对于浆水的缘起、制作等有了较高的认识水平之后，才发现了呱呱这种食物的好。

　　呱呱其实是荞麦面的副产品荞面凉粉的副产品。

　　这句话听上去是如此拗口。

　　荞麦粒经过打磨会产出荞麦面粉，这是一种褐色、听上去对人的身体健康有帮助的绿色食物。尤其在全球都注重绿色饮食的当下，荞麦听上去就有一种质朴天然的气质。

　　磨完荞麦面之后，会遗留下大量未能磨碎的荞面砟子。这些砧子自然舍不得丢掉，将它泡发一夜后会涨大数倍，小石磨一圈圈转动，荞麦浆一圈圈流下来，汁水是深色的，流到盆子里也略带青色。

青色是中国传统的颜色，是周世宗梦里梦到过"雨过天青云破处，者般颜色做将来"的青色，是一种淡的、介于灰白青绿色之间、很难用标准色卡去形容的颜色。总之，这些荞麦浆需要在大锅里煮开，等水分慢慢蒸发，荞麦凉粉在不停地搅动中开始变得透明——凉粉出锅了！

此刻，我们的呱呱像所有的锅巴一样，紧紧贴着锅底，可怜巴巴地等待着主妇拿着铲子，铲下来一层焦黄的荞麦凉粉锅巴。这种边角料，不太好拿出去卖钱的食物，被命名为呱呱，可能是铲子一直不停地刮锅底，所以这种食物就被随意地命了名——这是我猜的，不能作为官方说法。

凉粉是要换钱的，呱呱这种剩余产品，可以给自己的孩子解馋。不过后来，不知道什么时候起，这一层锅巴喧宾夺主，竟然隐隐露出比凉粉更受欢迎的气势。于是人们顺水推舟，将原本身价更高的凉粉也干脆命名为呱呱，在店里捏碎凉粉时，再放上几块焦黄的呱呱，这种食物开始真正有了规范的名字和制作手法。

因为松散的结构组成，呱呱不可能像劲道的凉皮一样被切成条状、块状，只能随手现吃现捏，捏的大小看店主的心情。不过我估摸这恐怕就跟陕西的羊肉泡馍一样，馍掰得越碎，味道渗透的程度越高，可能吃起来口感才能越好吧。

店主只是信手那么一捏，有大有小，吃的时候需要食客参与进去，用筷子夹碎。这相当于二次创作，夹到大小均匀的碎块，调料均衡地裹上每一块荞面，这样才平衡、和谐、中庸。

大道至简，一碗呱呱里藏着中国最朴素的哲学。

到如今，呱呱已经像凉皮一样，实现了统一制作、派送，各家店唯一的区别就在于调料。

但人的味蕾，制作的手段、灵性千差万别，仅油泼辣子的火候，七八九成都是完全不同的风味。更不要说辣椒、醋、酱油等原料的配比，清油的数量，祖传秘制的酱料，理论上，仅仅这五六种调料，就能诞生出成百上千个不同的口味。

所以我一直认为，就像写作、音乐、美术一样，美食拼到最后，其实也在拼一种玄妙的、无法言说的天赋。

有些人信手一抓，就已经是最佳配比，有些人就算用克数精确到0.1的电子秤来称，做出来的食物依旧不得其法，甚至会低于平均线。

所以街面上能做十年以上的老字号，都有自己的拥趸。在社交网络上，双方粉丝们吵得不可开交，一定要争个高下，但高手往往于无形中过招，各自微妙的口味差异，才最终构成了呱呱江湖上的门派林立。

而社交网络上，依旧有人恳切地询问：

呱呱到底是什么？为什么会叫这么一个可爱的名字。

没有人回答。

有人留言说，甘肃除了呱呱，还有然然和糁糁，这些单靠着想象无法理解的食物，看来只能归本溯源，到它们成长起来的地方，尝一口吧。

罐罐茶、三炮台：热气蒸腾里的西北

北方的冬天是很冷的。

人们穿着厚厚的棉衣羽绒服，风无情地往身上扑——不是热情似火，而是寒凉入骨。

人只好裹紧衣服，不泄露一丝一毫的热气，衣物是人与世界之间的保温层和缓冲带。那些置办的厚厚冬装虽然暂时穿不到，但是想着自己的衣橱里有这么一件暖洋洋的衣服压箱底，就有一种从富裕生活油然而生的底气和期待。

食物则是寒冷冬日里所有热量的来源。

所以北方人冬天吃大锅菜，吃灶台鸡鸭鱼肉，要坐在灶台前，眼前是燃烧的火，锅里是咕嘟咕嘟冒泡的汤，汤里翻滚着的是粉条、肉块和蘑菇，这是北方的地域特征形成的饮食方式，跟审美确实没有很大的关联。

素日里，我们已经被现代健康生活指南调教成一个戒糖、少摄入碳水化合物、多摄入蛋白质的城市人群，翻译成"人话"就是多吃肉、少吃面条米饭、不吃糖的人类。每日里吃着绿色的西蓝花、紫色的甘蓝和一小撮生菜叶——这种令中国胃难以下咽的食物究竟是怎么流行起来的？如今倒是有很多忍无可忍的人开始反击，将东北大拉皮和肠子也列入"轻食"，这种因地制宜的健康饮食瞬间点燃了社交网络。

就算如此，每到寒冬来临时，不知道在血脉里隐藏了多少代的基因突然冲破了层层控制，不停地暗示明示我的大脑皮层——要喝甜的、热的、滚烫的。

这是祖先们千百年来通过基因链条传播的指令之一，每到冬天，人们迫切地需要保证充足的温度和热量，全国各地都有相关的饮品出现。况且近百年来，喝热水成为中国人相当重要的特点，无论在科幻电影还是现实主义电影里都能看到拿着保温杯的中国人。更不要说国外旅行时，千里迢迢拿一个热水壶，就为了在欧洲之行中每天都有热水灌满保温杯。

冬天的西北有罐罐茶。

一个拳头大小、精妙异常的茶壶，被置于一个巴掌大的小电炉子上，这是城市里的做法。在农村，罐罐被直接架在火炉子上，炉面上烘一些点心、大饼，这是早餐的吃法。

罐罐里的水翻滚得快要溢出来了，丢茶叶，甚至还要烤两三个焦枣，翻滚上这么几分钟，罐罐里的茶恢复了春夏之交在树枝上的绿和植物的苦。

将这么苦的茶从罐罐里倒出来，汤色浓重，茶极酽且苦，喝的人美滋滋地从极小的茶盅里响亮地一口喝干，再美滋滋地煮下一杯。

这种喝法和器皿跟近年来社交媒体上爆红的土耳其咖啡有异曲同工之妙。

火炉子上烘烤的馍已经烘出黄色的火印，面粉和油脂的香气开始飘散，东方人和西方人在此刻达成一致，喝茶或者咖啡的时候，一定要在胃里垫点什么，才能对抗这种饮品带来的眩晕感。

作为一个货真价实的兰州人，我获得的大脑指令是牛奶、鸡蛋、醪糟。

某个清晨，一包牛奶，一盒醪糟，雪白的牛奶跟醪糟混合，不用放冰糖，就已经升腾起一种甜香。尤其自家的牛奶更醇厚，仅这两者的搭配就已经令寒冷的冬天荡漾起一种温暖的快乐。更不要说里面还要加鸡蛋、葡萄干、花生碎、枸杞、芝麻等营养丰富的滋补品。但这样滋补的饮品很快被南方的朋友叫停，她的理由是：我们这边产妇坐月子就喝这些，出月子都白白胖胖的。

我迅速被"白胖"这两个字儿击退，迅速转身，置冰箱里剩下的四五盒醪糟而不顾，就像一个负心的人一样决绝地回撤，丝毫顾不上醪糟的尊严。

我还煮过热红酒、热黄酒。

虽然两者来路千差万别，但是煮这件事殊途同归，不过按照西方的手法，红酒里面加了咱们炖肉的桂皮、八角以及苹果片、橙子、冰糖等，变成了一盏香甜的红色液体。在圣诞树浓绿色与金色、红色搭配的夜晚，非常有异国情调。

黄酒就家常许多，里面加冰糖、红枣、枸杞，是中国人心目中的"滋补圣物"，最好再打进去一个荷包蛋，雪白的蛋清卧在黄酒里，酒精已经被煮得升华了不少，连儿童都可以热气腾腾地吃上一碗。

　　但这种中式甜品还是会让人疑心热量太高，每一样都是滋补品，混合在一起进入身体，变成热量的立方。我想起有一年三九天爬兰山，爬山带来的热气使我的头发上方蒸腾起来。路过一个早餐店吃早餐的时候，老板惊异地望着我头上方十厘米范围内升腾的白气，把我拉到最靠近火炉的地方烘烤，最后以头痛了一个月告终。

八宝茶　三炮台

所以，如何在热气腾腾与热量相当之间找到一个平衡点？

这是一个不算难的问题。

因为，兰州还有一种叫作三炮台的茶。

对于这种需要用特殊的茶碗来刮碗子的传统茶饮，在城市里已经进化成一个大玻璃杯子装满水的寻常饮物，黄河码头、啤酒摊子、正式饭局上，人们都已经习惯了拿着大玻璃杯子小心翼翼地沿着杯子边边喝滚烫的三炮台的场景。

有一年去临夏，用传统的盖碗喝茶，长条桌上十几位客人，每个人喝两三口，茶就见底了，拿着暖瓶添水的小哥忙得团团转，依旧顾不上每一个人。自此，我对于传统盖碗茶的一点美好想象和依恋都弥散了，毕竟，大茶杯跟大口吃肉、大碗喝酒的西北更配，不是吗？

所以在三炮台进入家门的十分钟之内，我烧了一壶热水，找了平时装拿铁的大马克杯，将所有的配料都全部放进杯子，事实证明，马克杯还是太小了，仅仅配料就已经半杯。等到热水一冲，红枣、桂圆们已经按捺不住，感觉要滚出来了。芝麻则使空气中充满一种油脂细细密密的香气，还来不及闻到苹果干清新的味道，一小口滚烫的热茶已经滚到胃里——进肚为食，落袋为安，这是最朴素的人生哲理。

但还需要一个更大的杯子，一个更西北、更粗犷的玻璃杯子。

后记

为什么想要写这个题材？

当你想为这片土地写一封情书的时候，想起的是小脚的奶奶，是乡村里炊烟四起的傍晚，是掀开后冒着白气的锅盖，是被火炉烫过的手。

那些童年被蒙上了怀旧的灰黄色，但记忆却那么真切。被烫过的食指关节上还留着一个疤痕，跟我一起玩耍过的小伙伴额头上也有一个。是被奶奶家的大公鸡啄的，我依旧记得他血流满面跳脚的样子。

那是我们来到人世间最初接触到的世界。一切都是空白的，一切都是懵懂的，这些过往就是我们身上初装的程序。

于是我们知道了，糖是甜的，盐不可以多吃，火是烫的，水甚至能淹死人。

我们知道了生老病死。

邻居的婶婶坐了月子，窗户里传出来细小的哭声，奶奶提着一瓦罐的小米粥，里头搁了红枣，说是补血；村子里的唢呐一吹起来，孝子们就披着一身白色的孝服到各家门口磕头，大锅饭吃的是羊肉面条。

要是结婚，那是喜事儿。跑得快的孩子能抢到喜糖，喜糖是甜的。过不了多久，新嫁娘的肚子就慢慢大起来，不过我们都不知道孩子是从妈妈肚子里来的。我们的来路乱七八糟的，有些人是在沟里找到的，有些人是在房后头哇哇大哭被他奶奶捡到的……

那是镶着金边的过往。

小时候学边塞诗，我们摇头晃脑，我们绞尽脑汁想象"烽火连三月，家书抵万金""长风几万里，吹度玉门关""但使龙城飞将在，不教胡马度阴山"。那时，我们离边塞诗很近很近，咫尺之间。

但长大后才晓得，我们就是边塞之地。

这种课本与现实间的落差使少年们意识到世界的参差。

我们忽然回想起来，故乡山脚下曾经看到过鱼类化石，这是几千万年的沧海桑田；祁连山边的匈奴人已经在遥远的历史间遁形，每到夏日，熊熊燃烧的油菜花将大地与天空连接起来；野外孤零零的烽火台上依旧有不灭的青烟燃起——那是牧羊人在取暖；我们还会在中秋节遇到寒流和八月飞雪——我们跟汉唐共享一条长河，他们在上游，我们，也在河里。

我们是一群在历史与现实中的孩童。

这寒冷而肥沃的河西走廊，一块块的绿洲孕育过多少人，曾经有多少双眼睛望过月亮，看见过北斗七星和清晨最亮的那颗启明星。

奶奶病重，需要有血缘的人去河里取一块石头。小叔叔拿着手电筒跑出去，不多时满身寒气地抱着一块石头进了家门。他说，外面亮得很，月亮照着，一路上都没害怕就跑回来了。

中秋节要献月饼。

要给老天爷献月饼，感谢风调雨顺，使五谷茁壮成长。

提前很久就要筹划，甚至嫁出去的女儿也要回来帮忙——人们的谢意太沉重，笼屉巨大，月饼也是车轱辘大的。

腊月里要杀猪宰羊。

春节是一年之中最重要的节日，人们感谢山神，感谢土地，庇佑了人们的一年昌顺。

人们讲漂亮的话，穿崭新的衣服，送走灶神，接来家里的祖先，大家一起和和暖暖地过节，过春节。

还有噼里啪啦的鞭炮、热气腾腾的饺子、永远滚烫的暖锅和长久得似乎永远都不熄灭的火炕，这是春节，是盛典。

过了春节，春天来临，大地开始播种，新的一季轮回又开始了。

夹沙、呱呱、筷子面肠，这些深藏在小区域里的食物，它们未曾被人知晓，只是在一个极小的范围内一代一代传下来，像化石，更像琥珀。

被包裹在透明松脂里的一些瞬间，是由无数人生命的高光时刻凝结而成的、与食物相逢的仪式感。

带着爱和期待，祝福。

我就是目睹了这一切的那个孩子。

我必须写下它们。

写下在西北大地流转千年的那些过往。

食物亦是最重要的载体。

馕、胡饼、锅盔、油饼卷糕，卤肉、腊肉、烤肉、涮羊肉。

所有静默的食物里都藏着千回百转的过往，所有的爱恨情仇都浓缩在某些重要时刻。

我们和食物一起见证。

感恩所有的过往，使我目睹、参与了这一切，更使我在此刻创作了这一切。我并非这里最优秀的孩子，我仅是一个抓起笔来的人，这也是我所能为这片大地做的事。

我应当竭尽全力去描述。

希望我能做到。

寻味

温暖你我的味道

系列书目

《寻味西北》张子艺_著　　《山家风味》张西昌_著